HANDBOOK OF EGOMA

育てて楽しむ

エゴマ
栽培・利用加工

日本エゴマ普及協会 編
服部 圭子《Hattori Keiko》

創森社

穂に白い小花をつける（9月）

健康作物エゴマが人と地域を元気にする～序に代えて～

エゴマは実から搾《しぼ》った油はもちろん、実も葉・穂も栄養的にすぐれた食材です。とくに油には、脳の神経細胞や網膜などのはたらきに必要なα《アルファ》‐リノレン酸が60％も含まれています。また、実にはカルシウム、鉄分などのミネラル、食物繊維も多く、葉はβ《ベータ》カロテン、ビタミンなどが豊富です。これらエゴマの健康機能性が知られるようになり、年々、着実にヘルシー食材としての需要が高まっています。

エゴマを手に入れる近道は、なんといっても自分で栽培を手がけることです。エゴマは冷涼な中山間地域から温暖な平坦部まで場所を選ばず、育てるのにあまり手間がかかりません。みずから種をまいて5か月後には収穫でき、有効成分たっぷりの葉・穂、実を食べたり、搾りたてのマイオイルを摂ったりする自給暮らしができるのです。

エゴマ油は体にとてもよい油の反面、酸化しやすく品質の落ちやすい油ともいわれます。これは収穫から調製、保存の過程で酸化した実から搾油していることなどから起こります。たとえ、小・中規模であっても私たちは無農薬・無化学肥料の有機農業で育て、気配りした収穫、調製、保存を踏まえ、非加熱、圧搾一番搾りで濾過のみの精製の安全・安心な良質エゴマ油を供給していくように努めています。

本書では、健康食材エゴマの栽培から収穫、脱穀・調製、搾油法までを平易に解説。また、エゴマ油、実、葉・穂の効果的な摂取法をあますところなく紹介しています。エゴマが全国各地にもっと広がり、みなさんの健康増進により役立つことができれば幸いです。

２０１７年２月

日本エゴマ普及協会会長　服部 圭子

第3章 エゴマの搾油法と搾油の受委託 65

・本書の栽培は東日本、西日本の中山間地域を目安にしています。生育は品種、気候、栽培法によって違ってきます。
・本文に出てくる団体、エゴマ関連機器メーカー、さらに全国各地の栽培組織・グループの問い合わせ先などを巻末のインフォメーションで紹介しています。

第 1 章

現代人を救う 健康食材エゴマ

収穫適期のエゴマの穂

いまエゴマが現代人を救う理由

α-リノレン酸が最も豊富

脳の必須栄養素が不足している

エゴマ油に多く含まれるα《アルファ》-リノレン酸は、体内でつくることができず、食事から摂る必要がある必須脂肪酸です。

現代人はα-リノレン酸の必須量一人当たり1日2~2・4gにたいし、平均0・48gしか摂っていないので完全に栄養不足といえます。

コレステロールが主因ではない

「動物性脂肪はコレステロール値を上げるので悪玉、リノール酸を多く含む植物油は善玉」というのが、これまでの食用油と健康に関する常識でした。しかし、この常識がまったく違うことがわかってきました。

コレステロールは、もはや動脈硬化や心臓病の主因ではないといったことも徐々に知られてきています。

リノール酸摂りすぎの弊害

一方、サラダ油など植物性油脂に代表されるリノール酸の摂りすぎこそが、動脈硬化や心臓病、脳卒中、アレルギー、多くのがんなどの主要な要因の一つであることが明らかにされてきました。

さらには難病とされるリウマチ、痛風、膠原《こうげん》病、クローン病、乾癬《かんせん》、認知症なども、リノール酸の摂りすぎが一因である可能性が高いとされています。

リノール酸の摂りすぎによる弊害を抑えるはたらきをするのがα-リノレン酸であり、このα-リノレン酸を最も多く含んでいるのがエゴマなのです（**図1**）。

α-リノレン酸を多く含むエゴマ油

α-リノレン酸の効用

エゴマ油の脂肪酸に60%も含まれるα-リノレン酸の効用として、次のようなものがあげられます。

- 血流改善、動脈硬化の予防

・がんの発症を抑える
・血圧の上昇を抑える（正常血圧は下げない）
・アレルギー体質の改善
・血栓型老人性痴呆症の予防
・記憶・学習能力の向上
・精神状態の安定化
・視力回復効果など

図１　食用油の脂肪酸組成（比率）

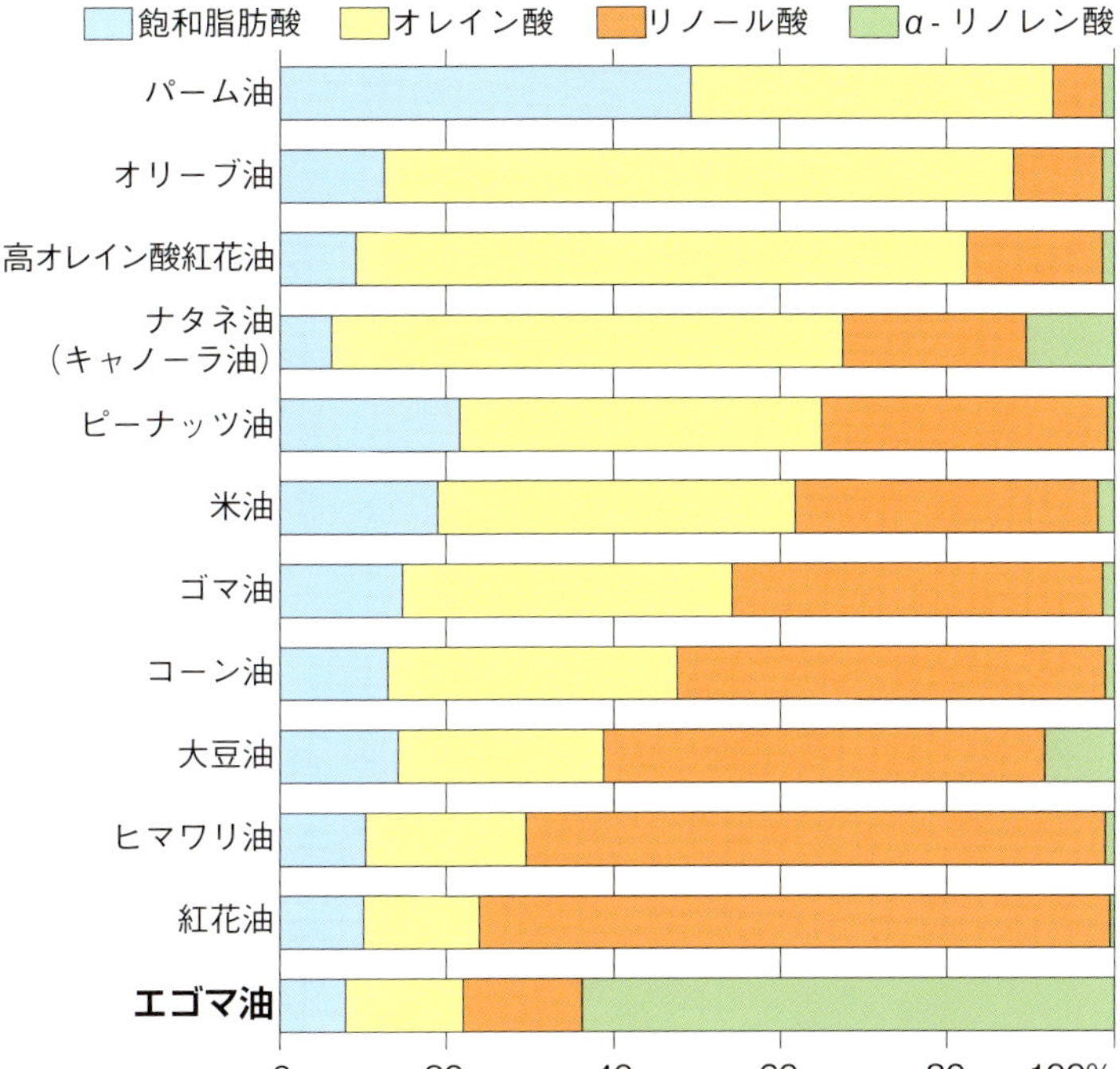

注：①『油の正しい選び方・摂り方』奥山治美著（農文協）などを加工作成
②日本の植物油の供給量は約260t（2014年）。割合は、ナタネ油（キャノーラ油）42%、パーム油23%、大豆油15%などとなっている
③マーガリンの代替油としてパーム油（アブラヤシの果肉が原料）の消費が伸びているが、発がん促進作用などがあるとして危険視されている
④リノール酸の摂りすぎなどががん、脳血管障害をはじめとする生活習慣病、アレルギー過敏症、認知症などをひきおこす一因とされている

現代人がかかえる悩みの原因に、食用油の選択や使い方のまちがいとα－リノレン酸（オメガ3《スリー》系）不足が大きく関与しているのです。

現代人の健康に陰を落としている食用油の問題については、第1章の15頁の事項でもう少し詳しく説明します。

育てやすくむだがない

エゴマの伝来は古く、日本では縄文時代から食べられてきました。脳・神経の必須栄養素ともいえるα－リノレン酸を豊富に含むエゴマは、人類の脳をこれほどまでに発展させてきた食物の一つなのではないかと考えられます。

どこでもだれでも栽培できる

エゴマは植物として大変強く、育てるのにあまり手間がかかりません。休耕田や遊休農地はもちろん、やせた土地でも育てられること、寒冷地から温暖な場所まで比較的どんな気候でも対応できること、作物そのものが軽量であり、女性や高齢者でも無理なく育てられることなどの利点があります。

地産地消、身土不二《しんどふじ》（その土地の身近で育ったものを食べ、そこで暮らすのがよいとする考え方）、スローフードの作物として、また、医食同源（食と健康は直結している）の見地からも地域の特産作物としても期待が高まっています（図２）。

図２　一石三鳥のエゴマづくり

農地の活用 ⟷	栽培環境を選ばず つくりやすい作物
健康によい ⟷	α-リノレン酸たっぷり。生活習慣病・認知症・アレルギー性疾患予防・医食同源
自給・自立 ⟷	地産地消、身土不二。本物のエゴマ油自給・供給

注：植物性油脂の選択の偏り、まちがいが病気をつくることにつながっている。食生活でエゴマ油を摂ったり、実・葉を食べたりすることで病気を予防し、健康増進をはかる

本物の地油が自給できる

食用油の原材料のほとんどが輸入されている現代。みずから栽培し、搾油し、食べる喜びと安心感はお金には代えられません。

家庭菜園を手がけたりする中高年、自給暮らしをめざしたりする子育て世代からもエゴマが安全・安心の健康食材として注目されている理由といえましょう。

増え始めているエゴマ栽培

有効成分を丸ごと摂る

エゴマは実を搾った油はもちろんですが、実そのものもタンパク質、カルシウム、マグネシウム、鉄分が豊富な栄養食品です。そして葉や穂もすぐれた栄養を持ち、食べることができます。

それぞれで有効成分を丸ごと生かすことを念頭に置き、基本の食べ方はもとより新たなメニューや活用法を開発していくことができるのも、エゴマを育てる楽しみの一つです。

作物としてのエゴマの素顔

きわめてシソに近い植物

シソ科シソ属の1年草

表1　エゴマの名称と原産地

科・属	シソ科（Labiatae：ラビアタエ） シソ属（*Pellira*:ペリラ）
種名	エゴマ　*Perilla frutescens* var:*japonica*（*Perilla ocymoides* var. *typical* または *Perilla frutescens* Britt. var.*japonica* Hara）
別名	和名：エ、ジウネ、ジウネン、アブラギ、アブラエ、ジュウネン、イゴマ、エグサなど 漢名：荏 英名：perilla
原産地	ヒマラヤ山麓から中国南部またはインド

注：『新特産シリーズ雑穀』及川一也著（農文協）を抜粋、改変

エゴマ（荏胡麻）はシソ科シソ属（*Perilla* ペリラ）の1年生作物です（**表1**）。1年生とは春に発芽して生長し、その年の秋までに開花・結実して枯れ、冬を越さないものです。

同じシソ科のシソの変種とも、逆にシソがエゴマの亜種ともいわれるほど茎葉の形状など共通する特性が多く、きわめてシソに近い植物です。シソの近くにエゴマを植えると、容易に交雑してしまい、実が小さくかたくなるため、栽培時には注意が必要です。

シソとの違いとして、エゴマのほうが香気がより強く、子実が丸くて大きく、含油量が多いことがあげられます。

東南アジアが原産地

エゴマの原産地は、ヒマラヤ山麓から中国南部、インドなどの東南アジアとされています。

インド、インドネシア、中国、朝鮮半島などの東アジアでは古くから広く栽培されており、各地にエゴマを使った伝統食・民族食が残されています。

日本への伝来と歴史

日本最古の作物の一つ

日本への伝来もきわめて古く、縄文時代の遺跡からもエゴマの種子が見つかっており、日本最古の作物の一つと見られています。

エゴマは、土壌条件や気象条件に左右されず、比較的つくりやすい作物であったため、全国に広がっていき、各地で多くの在来種に分化して

いきました。

江戸農書などにも登場

江戸時代の元禄10年（1697年）、宮崎安貞による古農書『農業全書』ではエゴマについて「白黒二種あり、どちらも良種である。肥えた砂地がよく、育苗移植とし、肥沃地は疎植とする」などと記されています（**図3**）。

また、それより前の貞亨元年（1684年）に佐瀬与次右衛門が記した『会津農書』にもエゴマの品種、収量、作季、育苗法、施肥などについて詳述されています。

図3　『農業全書』の絵

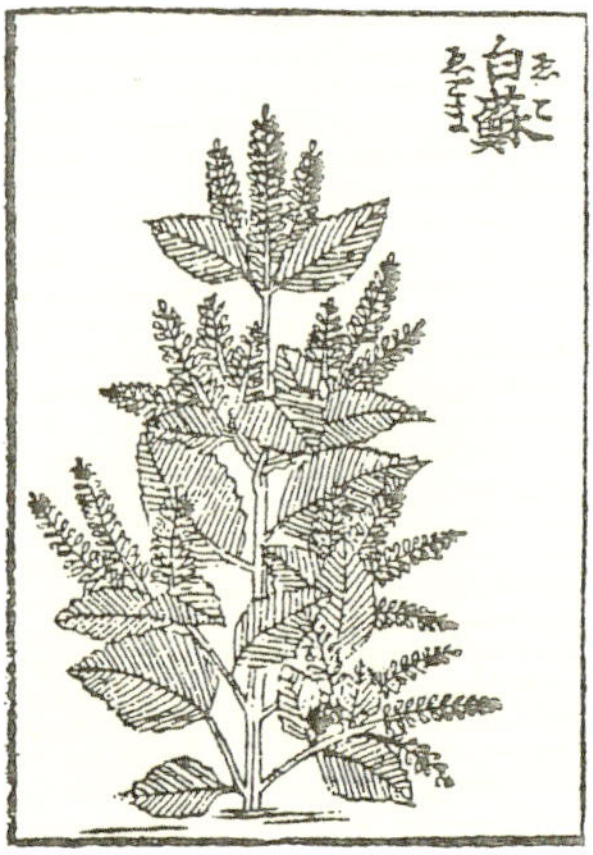

これらの古農書などでも「エゴマは有益な作物である」と指摘されているとおり、実や葉が食用として利用されてきただけでなく、油は灯明油として、また雨合羽や雨傘、油紙などの塗料としても有効に使われてきました。

地名に残された由緒、起源

エゴマの和名は地方によって異なり、エ（荏）、ジュウネン（茉荏）、ジュウネ、アブラ、アブラエ、ツブアブラなどと呼ぶところもあります。東京都品川区に荏原《えばら》という地名の例があるように、現在も各地にエゴマが湿地に生えていたことが由緒、起源とされる地名が残されています。

灯明油として重宝されたエゴマ油

実の皮がやわらかい

エゴマは名称や実の大きさ、用途（搾油）が似ていることからゴマ（ゴマ属ゴマ科）と混同されがちですが、まったく別の作物です。

ゴマの皮は厚くしっかりしており、食べるときには炒らなければなりませんが、漢字で書く荏胡麻の「荏」には「やわらかい」という意味もあり、皮がやわらかく実を2本の指で簡単に押しつぶすことができるほどです。

健康食材として復活

江戸後期以降、エゴマの役割は、

収穫間近のエゴマ畑

食用としては乾燥気候に強いゴマに代わり、油用としてはエゴマが夏作で稲と同じ時期の栽培であるのにたいし、冬作でできる安価なナタネにとって代わられ、栽培面積は減っていきました。

それでも戦前までは福島県を筆頭に岐阜県などでも多く栽培されていましたが、戦後の油脂原料輸入化政策によって他の油脂作物同様、激減しました。

その結果、つい最近まで日本でのエゴマ栽培はごくわずかでしたが、近年になって、栽培面積は約300ha（推定）といわれております。機能性成分などの効果が知られるようになり、着実に栽培面積が増え始めています。

エゴマの形態と分類・品種

形態の特徴

エゴマは低いもので60～70cm、高いもので2m以上にもなり、草丈が高くなる草姿です。

茎と枝

茎の断面は方形《ほうけい》で四角く、長い毛が生えています。葉腋《ようえき》（葉の茎に向かう側のつけ根部分）から数多くの分枝を発生します。茎の下部は木質化してかたくなり、ふつうのカマなどでは簡単に刈り取れないほどです。

古い分類では、茎の色合いから赤茎系と青茎系、中間型に分けられていました。現在では、同じ系統、品種であっても先祖返りをしたりして赤茎、青茎が混じっている場合があります。

草丈は60cm～ 2m以上になる

茎の横断面は四角形

葉

葉は緑色で、長さ10～15cm程度の広卵形から卵円形で対生につきます。まん中に中央脈があり、支脈（側脈）が斜めに走っています。

葉縁に深い鋸歯《きょし》状の切れ込みがあり、表面は深い緑色、裏面は赤紫色

青茎の系統

赤茎の系統

を帯びることもあり、葉身には毛が散生しています。シソの葉（大葉）とよく似ています。

葉は対生につき、葉脈が入っている

葉縁は深い鋸歯状

香気成分としてペリラケトンやエゴマケトンなどが含まれ、ちぎると独特の強い香りを放ちます。

花と穂

主茎や分枝の頂部や葉腋から、穂ジソに似た総状花序（長く伸びた花《か》軸《じく》に多数の花をつける）の花穂《かすい》をつくり、8月下旬~9月に、5㎜程度の小さな白い花を多数つけます。

花には雄しべが4本あり、雌しべが1本あります。萼《がく》は緑色で毛を密生し、先端が五つに分かれ、唇形《しんけい》をなしています。

裏面はうっすらと赤紫色になることもある

花穂に白い小花を多数つける

種子

一つのさやに四つの種子が包まれるように生じます。一つの実は直径2~2・5㎜程度の小さな球形（やや扁平なものもある）をしています。1000粒の重さは平均3gほどで、ゴマよりやや小粒です。

成熟期を迎えるエゴマの花穂

分類と主な品種

前述したように、エゴマには各地に在来種があります。また、地方によってエゴマの呼び方もさまざまです。少なくとも在来種だけでも100種以上にのぼるといわれていますが、農業生物資源研究所のジーンバンクなどに種が保存されているとはいえ、しっかりと分類されてはいません。

種皮の色と濃淡

そこで現在では便宜上、種皮の色から、白種、黒種などに大別しています。しかし、厳密に見ると、黒褐色、赤褐色、淡褐色、灰茶色、灰白色など、多様な色をした種があります。

早生と中生、晩生

エゴマは白種でも黒種でも早生《わせ》から晩生《おくて》まで分化しています。早生は9月上旬から10月上旬に成熟し、中《なか》生《て》は10上中旬、晩生は10月下旬に成熟し、刈り取り時期を迎えます。

一般に標高の高いところでは、主枝、分枝とも短い早生の在来種があり、東北地方では茎がやや短く分枝が主枝よりも長く伸びる在来種があります。暖地では茎が長く穂数が多く、生育が旺盛な晩生の在来種が多いといわれています。

日本エゴマ普及協会では、福島県田村市（旧、田村郡船引町《ふなひきまち》など）などでつくられてきた田村種の中生（黒種・白種）、岐阜県加茂郡白川町《ちょう》などでつくられてきた白川《しらかわ》種の晩生（黒種）を斡旋しています。

軟実と硬実

種子のかたさにより、軟実と硬実に分けることもあります。わが国で栽培されているエゴマのほとんどは、軟実です。韓国では硬実が多く、専用の皮むき機もあり、皮をむいてすりゴマとして販売している場合があります。

田村種の黒種

田村種の白種

白川種の黒種

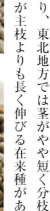

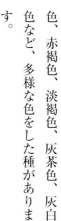

エゴマはなぜ健康食材なのか

ここでは、日本人の食用油の摂取量などの問題と健康食材としてのエゴマのはたらきについて、少し詳しく説明します。

飽和脂肪酸と不飽和脂肪酸

タンパク質、炭水化物と並んで三大栄養素といわれる脂質。この脂質はグリセリンと脂肪酸が結合してできています。

脂肪酸は、炭素、水素、酸素からできています。そのうち、炭素の結びつき方に二重結合がないものを飽和脂肪酸、二重結合があるものを不飽和脂肪酸といいます。

二重結合のない飽和脂肪酸は、構造的に安定しているため、溶ける温度（融点）が高く、室温では固形の状態となります。飽和脂肪酸が多く含まれるバターやラード、牛脂などの動物性油脂が室温で固形なのは、このためです。

一方、二重結合のある不飽和脂肪酸は構造的に不安定であり融点が低く、室温では液体の状態となります。不飽和脂肪酸が多く含まれる植物性油脂が室内で液体なのは、このためです。

不飽和脂肪酸の種類

さらに不飽和脂肪酸は二重結合の数によって分類されます。

二重結合が一つのものは一価不飽和脂肪酸といい、結合部位からオメガ9《ナイン》系ということもあります。その代表となるのがオレイン酸です。

二重結合が二つ以上のものは多価不飽和脂肪酸といい、その結合部位の違いから、オメガ6《シックス》系とオメガ3系に分類されます。オメガ6系の代表がリノール酸、オメガ3系の代表がα－リノレン酸です。

食用油の分類と性質

私たちが食用としている油脂は、原料によって多くの種類がありますが、成分としてどれが多く含まれているかで、次の三つに分類されます（図4）。

オメガ9系

オレイン酸が多く含まれる植物性油脂のオリーブ油、ナタネ油（キャノーラ油）、パーム油など。

エネルギー源になりますが、体内

図４　油脂（脂肪酸）の種類とはたらき

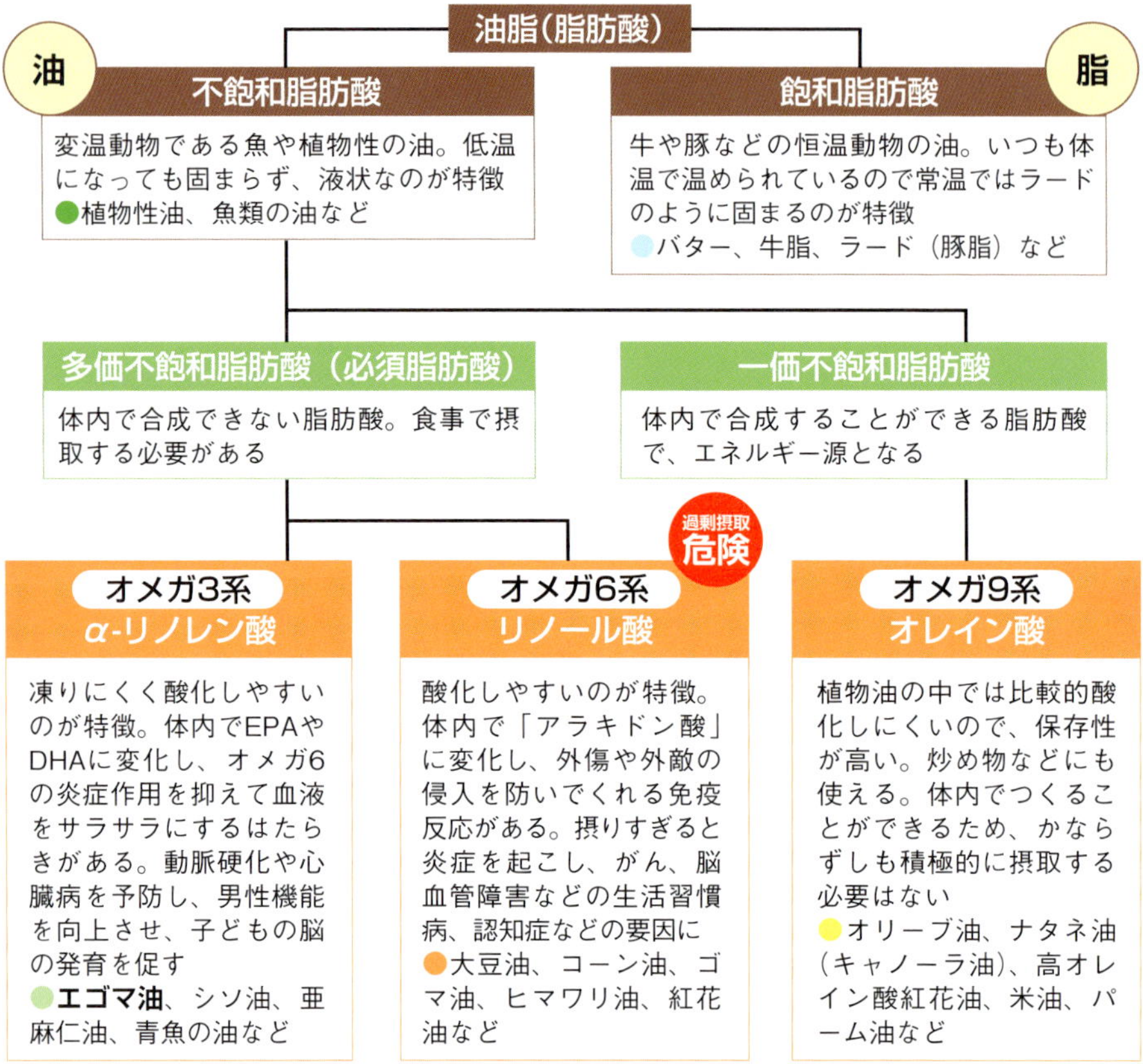

注：『エゴマオイルで30歳若返るレシピ』南雲吉則監修（河出書房新社）を加工作成

でつくることができるため、すべてを食事から摂らなくても健康に支障はありません。

オメガ6系

リノール酸が多く含まれるゴマ油、大豆油、コーン油、ヒマワリ油など。ほとんどがサラダ油として出回っており、私たちが見慣れている植物油の多くが、オメガ6系です。

リノール酸は動物体内でつくることができず、食事から摂る必要がある必須脂肪酸です。リノール酸は動物体内でアラキドン酸（ARA）へ、さらに成長や生殖生理を維持するために必須なホルモン様物質に変換されます。

オメガ3系

α－リノレン酸が多く含まれるエゴマ油、亜麻仁《あまに》油、シソ油（原料はエゴマが多い）など。

α－リノレン酸もリノール酸と同様に食事から摂る必要のある必須脂肪酸です。α－リノレン酸は動物体内でＥＰＡ（エイコサペンタエン酸）やＤＨＡ（ドコサヘキサエン酸）へ変換されます。さらに炎症やアレルギーを抑えたり、血液や血管、消化酵素等を維持するために必須なホルモン様物質にも変換されます。

摂取目安量と食用油の選択

厚生労働省が策定した『日本人の食事摂取基準２０１５年版』では、オメガ6系の脂肪酸の日本人の１日当たりの摂取目安量として成人男性で8～12g、成人女性で7～8gとしています。

一方、オメガ3系脂肪酸の日本人1日当たりの摂取目安量として成人男性で2～2・4g、成人女性で1・6～2g、としています（**表2**）。この数値には魚油由来のＥＰＡやＤＨＡも含まれます。

私たちの食生活において、オメガ6系は1日当たり平均15gも摂っており、過剰に摂りすぎの状態です。

表２　オメガ３系、および6系脂肪酸の食事摂取基準

1日当たりの目安量(g)

年齢層	オメガ3系脂肪酸		オメガ6系脂肪酸	
	男性	女性	男性	女性
3～5歳	1.5g	1.5g	8g	7g
12～14	2.6	2.1	13	10
30～49	2.6以上	2.2以上	11	9.5

注：①厚生労働省『日本人の食事摂取基準（2015年版）』を加工作成
②妊婦・授乳婦のオメガ3系脂肪酸は2.4g、オメガ6系脂肪酸は9gの摂取目安量となる

オメガ6系は人間にとって必須な脂肪酸ですが、過剰に摂りすぎると、多くのがんやアレルギー、炎症系疾患等を引き起こす原因となることが知られています。

また、オメガ6系は植物油だけではなく、ごはんやパン、卵などにも含まれているため、植物性油からオメガ6系を摂取する必要はあまりないといえます。

一方でオメガ3系は1日当たり平均0・48gしか摂っていなく、不足しがちです。また、この数値にはＥＰＡやＤＨＡ、つまり魚からの摂取も含まれていますが、『日本人の食事摂取基準２０１５年版』には、「魚によっては水銀、ダイオキシンなどの環境汚染物質が含まれることや世界的な魚資源の不足により、将来、α－リノレン酸の摂取が重要に

なる可能性がある」とも記されています。

エゴマ油は、α-リノレン酸が60%以上含まれるオメガ3系の食用油です。だからこそ、健康に必須の食用油としてエゴマ油が注目されているのです。

工業トランス脂肪酸のリスク

シス型とトランス型

不飽和脂肪酸は、炭素(C)の二重結合のまわりに水素(H)が結合しています。この水素が同じ側に結合しているものを「シス型」(こちら側にの意)、二重結合をはさむように結合しているものを「トランス型」(向こう側にの意)といいます**(図5)**。天然の不飽和脂肪酸のほとんどはシス型です。これにたいし、トランス型の二重結合が一つ以上ある不飽和脂肪酸をトランス脂肪酸と呼んでいます。

図5　不飽和脂肪酸のシス型とトランス型

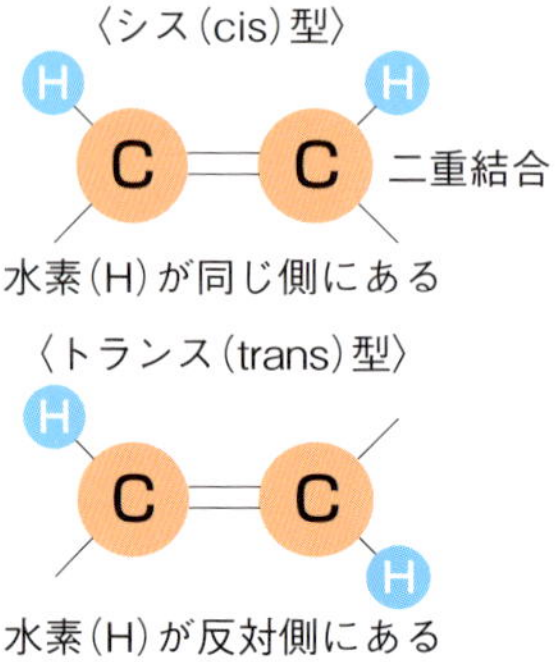

注：農林水産省ホームページより

危ない工業トランス脂肪酸

食用油の選択の偏りやまちがいと同時に問題になっているのは、常温で液体の植物性の油脂を固形・半固形にするために水素添加の加工をしてつくる工業トランス脂肪酸の油です。マーガリンやショートニング、ホイップクリーム、ファットスプレッドなどがあります。

それらを原料に使ったパンやケーキ、クッキー、揚げ物などには、工業トランス脂肪酸が含まれているのです。

この工業トランス脂肪酸を摂取することで、動脈硬化などによる心疾患のリスクが高まることが知られており、さらには認知症や鬱《うつ》病、糖尿病やがんなどを引き起こすともいわれています。

アメリカ食品医薬品局(FDA)は、トランス脂肪酸を含む部分水素添加油脂について「食用として一般的に安全と認められない」と判断。心臓疾患のリスクを高めるものとして、2018年から食品への添加を原則認めないことを発表しました。

代替のパーム油にも要注意

さらに、マーガリンの代替油として消費を伸ばしているのがパーム油(アブラヤシの果肉を原材料とした半固形の植物油）。ラードなどと同じ不飽和脂肪酸を多く含みますが、安価で使い勝手のよさからファストフードやパン、ケーキ、クッキーなどに使われています。

パーム油は発がん、脳卒中、糖尿病などを促進する作用があるというデータが公的機関から示されており、危険性が指摘されています。しかし、食品の原材料名には「植物油脂」としか表示されていないので、消費者はパーム油の有無を見分けることができません。

アメリカ農務省（ＵＳＤＡ）は、すでにパーム油は「トランス脂肪酸の健康的な代替にならない」との研究結果を報告しています。

精製したサラダ油も含有

また、好ましくないにおいを取り除くために油を１５０℃以上の高温で処理すると、植物に含まれている不飽和脂肪酸からトランス脂肪酸が生成されます。サラダ油は低温でも長時間結晶化しないように化学的処理によって精製されており、やはり微量の工業トランス脂肪酸を含有しています。

一方で、非加熱で圧搾されたエゴマ油は、トランス脂肪酸が含まれる心配が少ない食用油なのです。

非加熱圧搾で、濾過のみの精製の良質エゴマ油

食用油の使用と健康寿命

さらに、サラダ油の原料である大豆やトウモロコシ、キャノーラなどは、大量生産をするために、遺伝子組み換え作物が使われたり、農薬が大量に使用されたりしています。安全性という面では、好ましいとはいえません。

一方で日本のエゴマは、その多くが有機的手法で生産されており、もちろん遺伝子組み換え作物ではありません。

さて、「飽食の時代」における食用油の摂り方は、私たちの健康寿命を左右します。これまで述べてきたことのなかで、つぎの３点を強調しておきます。

・食用油はリノール酸（オメガ6系）の油を過剰に摂りすぎず、α－

リノレン酸（オメガ3系）の油との必須脂肪酸バランスを考え、適切に摂る
・病気のリスクを避けるため、水素添加などでつくるトランス脂肪酸の油、その代替油としてのパーム油などを控える
・エゴマ油は、現代の食生活で不足しがちなα－リノレン酸を最も多く含む究極の食用油である

1日に実10g（油4g）を

健康的な食生活を送るために、日本エゴマ普及協会ではオメガ3系の1日摂取目安量2～2・4g（50～59歳男性の場合）から計算して、「1日にエゴマの実なら約10g（大さじ山盛り1）、エゴマ油ならば約4g（小さじ1）を摂ろう」とすすめています（**図6**）。エゴマの成分を生かした健康的な摂り方については、第4章で説明します。

また、1aの畑で約400株の苗を植えてエゴマをつくれば、2～3人分のエゴマ油（α－リノレン酸＝必須脂肪酸オメガ3系）1年分がまかなえることを訴え、エゴマ生産を推進しています（**図7**）。一人分なら、約0・3aでまかなえることになります。これは、家庭菜園や畑などでつくろうとしても、そんなに高いハードルではないはずです。

エゴマ油は究極の健康オイル

図6　エゴマの1日当たりの摂取量（目安）

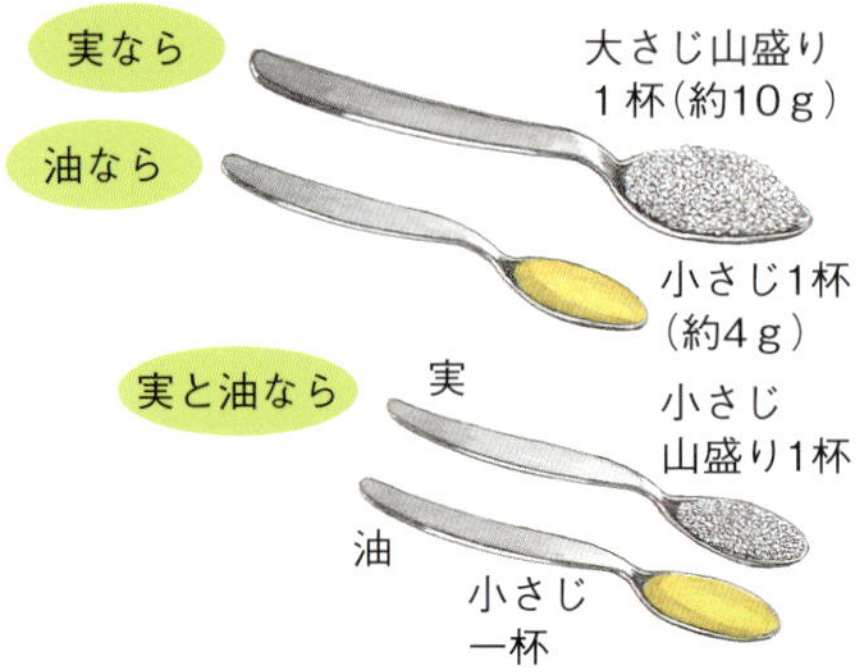

注：大さじ（15mℓ）、小さじ（5mℓ）は計量スプーンをもとにしている

図7　エゴマ油自給のための栽培面積（目安）

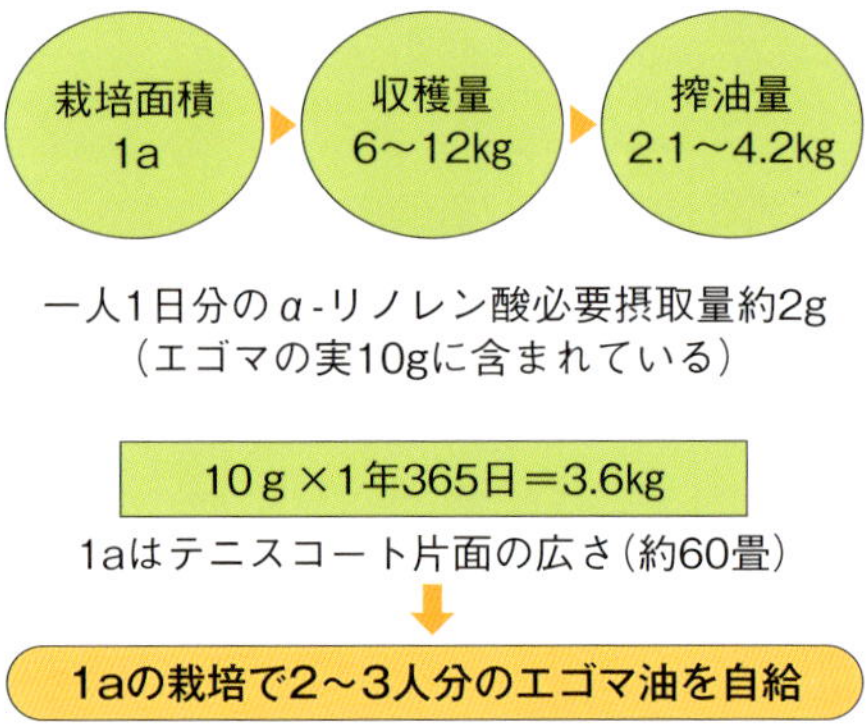

第 2 章

エゴマの育て方と収穫・脱穀・調製

中耕・土寄せ後のエゴマ畑

エゴマの栽培環境と規模の検討

栽培地域と気象条件

エゴマは、栽培環境を選ばず育てやすい作物で、短日植物（1日のうちで明るい時間が短くなることにより、開花が促進される植物）です。「日照りゴマ、雨アブラ（エゴマの別称）」という言葉があるように、弱い光でも育つため、果樹の下などでも育てることができます。

エゴマは育てやすい短日植物

現在、エゴマは東北や中部地方、さらに全国の寒冷地、山間地で栽培されており、冷涼な気候を好むとされています。発芽適温は20～25℃です。

かつては九州や沖縄でも栽培されていた記録があり、現在でも広島や島根県など西日本での栽培も多くあります。品種や栽培条件によっては、わりあいに温暖な平野部でも栽培することができます。

現在の栽培地域が冷涼な地域が多いのは、ソバ同様に別の作物がつくりにくい環境でも適応するエゴマが残った結果ともいえます。

土壌条件

エゴマは、土壌条件も選ばない作物です。やせ地や開墾したばかりの土地でも育てることができ、連作も可能です。

どちらかといえば、ある程度の湿気を保つ土を好み、干ばつの年などは収量が落ちます。そのため、水田での転作にも向きますが、他の作物と同様に過湿は禁物です。

転作初年や水はけの悪い土地では、育ちにくく大きくなりません。畝立て、排水などの工夫をする必要があります。

吸肥力が強いエゴマは、土の違いで味が変わるといわれるほどです。化学肥料に頼らず、有機栽培で取り組んだエゴマは実、油ともに「味も

遊休農地の作物としても有望

栄養価も良好」と高く評価されています。

エゴマはどのような条件でも育てられるため、中山間地域の耕作放棄地などでの作物としても注目されているところです。

栽培規模の検討

栽培条件などを理解したうえでエゴマを栽培するとしても、当然ながら栽培の主たる目的、ねらいと栽培規模のかねあいを検討していかなければなりません（**表３**）。

たんに実や葉を自家用に手に入れるのであれば家庭菜園や市民農園、体験農園でじゅうぶん可能です。プランターやコンテナ植えなどでも実現できます。

実や葉はもちろん、エゴマ油を自家用に手に入れるのであれば、３人家族だとして1a（テニスコート片面の広さで約60畳分）ほどの面積が必要です。

また、実や葉、油を自家用だけでなく販売することまで考えた場合、手始めに5aほどの面積からスタートすることが考えられます。

表３　栽培目的と規模の目安

利用食材	栽培規模	用途など
実・葉	家庭菜園、市民農園、体験農園、プランター、コンテナなど	自家用
実・葉・油	〈小規模〉 栽培面積1a以上	自家用・販売用 （委託搾油）
実・葉・油	〈中・大規模〉 栽培面積5a以上	自家用・販売用 （委託搾油・搾油）

図8　エゴマ栽培・生育と作業暦例

月	4	5	6	7	8	9	10	11
生育			発芽	伸長 茎葉	開花	登熟		
作業	畑の準備		間引き 育苗	培土 中耕・除草 摘心	培土 摘心		（採種・保管） 選別・乾燥 乾燥・脱穀	

注：①東日本、西日本の中山間地域が基準（品種は中生）
②葉は7月中旬～9月に収穫可能

○種まき　■植えつけ　■実収穫

年間の生育サイクルと栽培作業暦

エゴマの生育

エゴマは品種や生育地などによって差はありますが、**図8**に示したとおりおおむね5月下旬~6月上旬に種まきをし、発芽して茎や葉を伸長させていき、8月下旬~9月上旬に開花、9月下旬~10月までに実を熟させて落とします。

エゴマは1年草のなかでも比較的生育期間が5か月と短いため、寒冷地以外では、他の作物（ジャガイモ、春ダイコンなど）との輪作も可能です。

1年間の作業の流れ

4月のうちに種と畑を準備しておきます。5月下旬~6月上旬に種をまき、ハウスでのポット育苗、もしくは畑での苗床育苗をします。畑への直まきでもかまいません。

ポット育苗、もしくは苗床育苗の場合、6月下旬に植えつけし、8月下旬~9月上旬の開花まで、中耕・土寄せ・除草や摘心をおこないます。9月下旬~10月下旬、茎葉が黄変し、穂先が茶色になってきたら収穫。乾燥後に脱穀・選別・乾燥・水洗をし、ふたたび乾燥させます。

葉を利用する場合は、7月中旬~9月ごろまで収穫できます。

1年間の栽培作業暦をカレンダーにまとめました。詳しくは、それぞれの項目で解説します。

品種の選択と種子の入手・確保

用途と品種の選択

実利用

エゴマは全国各地にさまざまな品種がありますが、大きく分けると白種と黒種などがあり、それぞれに早生、中生、晩生があります。

白種は含油量が比較的少ないものが多いですが、白種でも含油量が多い品種もあります。

実をそのまま食べる場合は、歯についても目立たないということで好む人もいます。また、白種や灰種は皮が分厚い種類が多く、すって食べるときはすっている途中に皮を飛ばしておいて利用することがあります。

黒種は白種に比べ含油量が多いため、味も濃厚です。皮がやわらかいので調理しやすく、実を食べる食文化を根づかせてきました。

灰白色の白種（田村種）

油利用

黒種は、どの種でも含油量は安定しています。しかし、黒種は比較的皮がやわらかく傷つきやすいので、コンバインなどの大型収穫機械を使う場合は、白種のほうが向いているようです。

北海道や、霜が10月上・中旬に降り、乾燥中に雪をかぶったりするような寒冷地は、早生や中生を選び、6月中旬に種まきをするとよいでしょう。

収穫時期と品種

エゴマは収穫時期を逃がすと種が落ちてしまい、収量が一気に落ちてしまいます。収穫適期の期間が短い作物です。大面積を栽培するなら、収穫時期をずらすために、早生と晩生など別の品種を栽培するのもよいでしょう。その場合は、交雑しないようにある程度離して栽培する必要があります（**表4、表5**）。

葉利用

どの品種でも葉利用はできますが、葉の利用が盛んな韓国では葉が分厚く裏が紫色で香りの強い葉利用専用種（種は小さくてかたい）もあり、エゴマの葉キムチなどは日本にも輸入されています。

葉利用専用種は周年栽培でき、とう立ち（花芽を持ち、茎が急速に伸長する現象）は遅いほうです。含油量は極端に少なく、搾油用には向きません。葉だけ求める人向きの品種です。

種子の入手方法

地元の実績ある生産者から

エゴマを健康食材として育てるのですから、安全・安心の有機無農薬栽培で育てたいものです。

エゴマはかつて日本各地で栽培されており、それぞれの地域の条件に合った在来種がつくられていました。その土地で、在来種のエゴマを引き継いで栽培している実績のある生産者の方から種を分けてもらうとよいでしょう。

私たちの搾油所には年間２００件以上の搾油依頼がありますが、岐阜県内だけでも10種類以上の品種が持ち込まれ、他県から持ち込まれるものも含むと20種類くらいの品種があります。

しっかりと管理して栽培されたエゴマの種でないと、収穫量や油量は望めません。そういう意味でも、実績のある生産者の種を求めることが大切です。

巻末のインフォメーションなどに掲載した日本エゴマ普及協会や各地の栽培組織・グループ、ＮＰＯ法人日本有機農業研究会などに問い合わせるとよいでしょう。

田村種の黒種

田村種の白種

白川種の黒種

日本エゴマ普及協会でも種を斡旋

日本エゴマ普及協会でも、エゴマの種を斡旋しています。

子実利用・搾油用としては、１９９７年に日本エゴマ普及協会の前身である日本エゴマの会をスタートさ

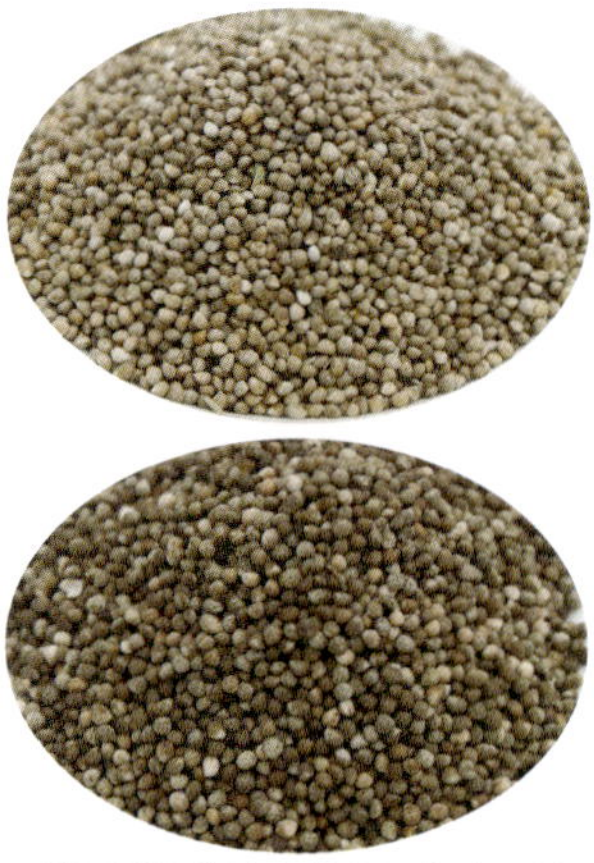
韓国葉用（上）と搾油用（下）の種

表4　主な品種例と特徴

タイプ	品種など	種まき時期	収穫時期	特徴
極早生～早生	白種 黒種 （各地の在来種）	5月上旬～ 6月上旬	9月上旬～ 10月中旬	含油量ふつう
中生	田村黒種 田村白種	5月下旬～ 6月下旬	10月上・中旬	含油量多い
晩生	白川黒種	5月下旬～ 6月下旬	10月中・下旬	含油量多い
極晩生	韓国種（葉用）	4月～ （周年栽培可能）	5～9月（葉）	含油量極少　葉やわらか、収量多い

注：①日本エゴマ普及協会では田村黒種、田村白種、白川黒種の種を斡旋
　　②種まき・収穫時期は東日本、西日本の中山間地域を目安にしている

表5　品種選びの目安

初霜の時期	地域	タイプ	品種など
9月下旬	北海道	極早生、早生	韓国種、田村黒種、田村白種など
10月上・中旬	北海道、北東北	早生、中生	東北の在来種、田村黒種など
10月中・下旬	南東北、中部高冷地	早生、中生	田村黒種、田村白種。各地の在来種など
11月上旬～	関東、北陸以南	早生、中生、晩生	田村黒種、白川黒種。長野白種など各地の在来種
無霜地域	四国、九州、沖縄など	早生、中生、 晩生、極晩生	田村黒種、田村白種。西日本の在来種、韓国種など

注：①韓国種の極早生は搾油用。長野白種は晩生種
　　②初霜の時期をもとに作成（日本エゴマの会、2009を改変）

せた村上周平氏の出身地・福島県田村市で伝承されてきた在来種である田村種（中生）の黒種と白種、岐阜県加茂郡白川町などで伝承されてきた在来種である白川種の黒種（晩生）を斡旋しています。田村種は収量や含油量が多く、東北から中国地方まで広まっている主力品種です。白川種も含油量が多い品種です（表4、表5）。

種苗会社などの種

最近では、各種苗会社でもエゴマの種を販売しています。そうした種を購入する場合は、表記の原産地を見て、なるべく国産の種であることを確認して選びましょう。

韓国から輸入された種には葉用と搾油用の種があります。葉用は種は小さくてかたく、含油量も少ないので注意が必要です。

先にも述べましたがエゴマは、日本では主に子実利用を中心に栽培されてきました。そのため、日本在来種の多くは皮がやわらかくて薄く、油量も多く、味もよいようです。韓国は搾油と葉利用が中心となっています。韓国では表面のかたい皮をむく機械があり、皮をむいてすったエゴマが販売されているほどです。

葉を利用するならば問題ありませんが、子実を利用したい場合は、やはり生産地のわかった日本在来種をおすすめします。

色や形がそろっている種を

いずれにしても理想的なのは、米でいえば粃《しいな》（稔実不良の籾）のようなものがなるべく混じっていない、種の色や形がそろっている種を用意することです。そうすることで、収穫時に安定した品質や収量が望めます。

自家採種のすすめ

大きめの種を選抜

初めての栽培のときは、種は外部から手に入れるしかありませんが、2年目以降は自家採種した種を使うことをおすすめします。自分が栽培している土地や気候に合ったエゴマとなっていくでしょう。

収穫時によく実っているエゴマの株を種採り用に選別して収穫しておくと、種のそろいがよくなります。そのなかでも、とくに色のそろった大きめの種を、もう一度ふるいにかけて選抜するとよいでしょう。

保管場所と方法

選別し、乾燥させた種は、種の水分が抜けやすいクラフト紙の紙袋、または布袋、防湿容器などに入れて冷蔵庫（野菜室）での保存をすると種の水分をとり、寿命を伸ばすことにつながります。ジャム瓶など空気の入らないガラス瓶に入れ、冷凍庫で保管すると延命をはかれます。

スペースの都合上、冷蔵庫で保存できない場合、ガラス瓶、保存袋などに菓子箱などに入っていた乾燥剤（もしくは脱酸素剤）とともに種を入れ、冷暗所で保管します。

当然ながら、品種の違うエゴマと混同しないように容器に品種名や採種年を記入したラベルをはることが必要です。

古い種は使用しない

エゴマは酸化しやすい性質があり、実を冷蔵しておいても味が落ちるほどです。一昨年の種は発芽率が極端に落ちてくるため、毎年かならず新しい種をまくようにします。

畑の準備と事前の土づくり

1aで2～3人1年分の収穫

第1章でも述べましたが1aの畑でエゴマをつくれば、2～3人分のエゴマ油（α－リノレン酸＝必須脂肪酸オメガ3系）の1年分を自給できます。

これを一人分にすれば苗にして150～250本、約0・3aの栽培面積でまかなえることになります。

栽培は目の行き届く規模からスタート

実や葉を食べるのはもちろん、搾油することまで考えて初めてエゴマを栽培する方は、この数値から栽培面積を考えてみるとよいでしょう。

また、実や油を自家用だけでなく、販売することまで考えて栽培する場合、まずは手や目の行き届く5a程度の栽培面積からスタートするのが適当でしょう。

交雑の危険性がない場所で

エゴマは比較的土壌条件を選ばず、どんな土でも育てられる作物です。場所選びという意味からすれば、交雑の危険性がない場所を選ぶことが重要です。エゴマは、シソや異品種のエゴマと交雑しやすく、シソと交雑してしまうと、できた子実は小さくかたくなったり、別の形質が出てしまったりして、思い描いていたような利用ができなくなってしまいます。

とくに、種採り用のエゴマはシソや他の品種のエゴマが栽培されているところから、少なくとも50m は離したほうがよいといわれています。

無農薬、無化学肥料で育てる

土づくりの最近の研究では、微生物のはたらきで有機物を直接植物が吸収していることがわかってきました。これまでいわれていたように窒素をイオンとして吸収しているだけではないため、有機質肥料と化学肥料では生育面、味覚面などで違いがあることも明らかになっています。

有機質肥料（完熟堆肥、米ぬか、油粕など）は、土や人の健康を阻害しないだけでなく、生育、味覚面でも優位となると考えられます。持続可能な農業を守り育てるために欠かすことはできません。

健康食材であり、また、肥料分を吸収する力（吸肥力）の強いエゴマは、ぜひ無農薬、無化学肥料で育てていきたいものです。

肥料設計

窒素過多にならないように

エゴマは吸肥力の強い（とくに窒素成分）作物です。これまでに野菜を栽培していた畑や耕作放棄地で栽培を始める場合には、窒素過多にならないよう肥料を入れない無肥料スタートが無難です。

稲作後の田んぼややせ地（イネ科の短い草が生える程度）の場合は、窒素成分0・3kg／aを目安に、完熟堆肥（30kg）エゴマ粕（3〜4kg）などの有機質肥料を施し浅く耕します。

施肥は、土が安定するのを待ったため、直まきや植えつけの少なくとも2週間前におこないます。安定していない状態での作付けは、発芽不良や病虫害の原因となります。

また、搾油後の搾り粕は、実の約70％の重量で、約8％の窒素を含み良質な有機質肥料となります。

脱穀後の枝・穂をカットして畑に戻すことで炭素成分を補充し、土壌微生物（とくに菌類）のはたらきを促して土の循環を活発化させます。

マルチは抑草などに有効

マルチの使用は、初期生育の地温確保と保湿のために有効です。除草の省力化にもなります。

一般的なマルチを使用する場合は、土寄せができないため、台風での倒伏防止のための管理（摘心・支柱立てなど）が必要となります。

多少値段は張りますが、生分解性のマルチはおすすめです。約3か月で分解するため、4月末にマルチを張っておくと7月ごろまではマルチとしての効果を発揮し、そのあと抑草の効果が不要になったころには、畝間の中耕を兼ねて土寄せをすることも可能となります。

エゴマ油の搾り粕

水田での転作の注意点

エゴマは湿った土を好む作物ですが、過湿は禁物です。空気の通いの悪い土壌環境だと、土壌微生物の量も多様性も著しく低くなります。

とくに水田の転作でエゴマを栽培する場合、水はけが悪いと苗を植えても育ちが悪く、背丈も大きくなりません。周囲に溝を掘る、畝を高くする、あぜを切るなどして、水はけをよくする工夫が必要です。

図９　土の団粒化

団粒の形成で土壌微生物が豊かになり、有機物が供給されたりする

水はけをよくするだけで地温が上がり、土の団粒化がすすむので土壌微生物が豊富になり、生育は格段によくなります（図９）。

それでも水はけの悪い水田を状態のよい畑にしていくには、数年はかかるので、しばらくは密植、もしくは密まきし、小さくても本数で収量を確保するとよいでしょう。

無肥料栽培の可能性

近年、自然農や自然農法という有機質肥料も施さない栽培法の原理が少しずつ解明され、各地で実績があげられています。

山の木や竹林の竹は、肥料を施さなくてもよく育っています。植物は本来、健康な土と適度な水分があれば、みずから成長に必要なホルモンを分泌して成長するものです。この一見あたりまえのことが、最近の研究によってようやく説明できるようになってきました。

エゴマの栽培で、畑から持ち出す実の主成分脂肪酸は、炭素と水素、酸素の化合物です。つまり、水と空気中の二酸化炭素が原料であり、自然のサイクルのなかで、植物体内で生成されるものです。吸肥力の強いエゴマの栽培は、ぜひ無肥料で始めてみてください。不安なら土壌改良として完熟堆肥を施したり、土寄せの前にエゴマ粕３〜４kg／aを株元にまくこともいいでしょう。

そして太陽・水・空気・土のハーモニーを味わってください。エゴマの栽培で大自然の恵みを感じることは、エゴマが私たちの体に与えてくれる本当の恵みを知ることにつながっているのかもしれません。

種まきの時期と育苗の手順

種まきの時期

エゴマの発芽に適した温度は23℃前後です。地域にもよりますが、一般的には中生は5月下旬～6月中旬に種まきをおこないます。

中生の最適種まき時期は東日本（高冷地）では6月上旬、西日本（温暖地）では6月中旬。これにたいし、早生は1週間早く種まきをします。

種まきが早いと虫の害の多い時期と重なります。また、4月に出る前年の自然生えの苗は栽培期間が長く、実の収量は少なめです。

発芽成功の鍵は温度と保湿

エゴマは、15℃以上の地温で種をまいて2～7日で発芽します。まいてから1週間経っても発芽しない場合は種が劣化していた、虫に食われた、肥料の有機酸によって焼けた、土に水分がなかったなどが考えられ、種や土を変えて、もう一度まき直したほうがよいでしょう。

エゴマの栽培で最初の難関は、発芽させることです。エゴマは油分が多いせいか、水分をじゅうぶんに吸収するのに時間がかかるため、必要な水分を保つようにすることが発芽成功のためのポイントです。

育苗方法にかかわらず、よく水を含ませた土に種をまき、種が隠れる程度に薄く覆土します。土の表面が乾かないよう、発芽までは被覆資材（シルバーシート、紙）、わら、モミガラなどをかけておきます。最適条件だと2～3日で発芽するので、発芽したら被覆資材などをあけるようにします。なお、水はけの悪い育苗土では過湿のため発芽しません。

寒冷地の北海道では、発芽温度の確保ができる6月中旬の直まきにしているようです。

種の量と割り出し方

種の量は、苗床および栽培面積や植えつけの密植度に応じて割り出します。参考までに、計算の基礎となる目安の数字を表で紹介します。発芽率を80％とし、苗床の間引きをしないものと仮定します。

たとえば栽培面積1aで畝間80㎝、株間30㎝の2本植えにする場合、800本の苗が必要です（**表6**）。種の

図10　セルトレイの種まき

種を2～3粒ずつ入れ、軽く土をかける

表6　畝間・株間と株数（1a当たり）

畝間＼株間	30㎝	25㎝
80㎝	400株	486株
1m20㎝	280株	330株

注：①1条植えの場合
②株を1本植えとした場合の目安（2本植えのときの苗の本数は、株数の2倍になる）

表7　必要な種の量の早見表

量（体積）	種（粒）数の目安
1㎖	130粒
10㎖	1300粒
20㎖	2600粒
100㎖	1万3000粒

注：10㎖は計量スプーン＝小さじ（1杯5㎖）2杯分（1000粒の重さは約3g）

表8　苗床でできる苗の本数（目安）

苗床面積	苗の本数	栽培面積
1.5㎡	500本	1a
3㎡	1000本	2a
15㎡	5000本	10a

注：①10㎝の条まきで3㎝間隔につくった場合
②栽培は畝間80㎝、株間30㎝の1本植えとした場合（2本植えのときは2倍の苗の本数になる）

量は発芽率80％として1000粒ほど（約8㎖）になりますが、苗床の間引き、発芽の失敗、補植用に余分にみて20㎖の種を用意します（**表7**）。

したがって苗床は、1000本の苗ができる3㎡を用意します（**表8**）。

種まき・育苗方法と手順

ポットでの種まき・育苗

ポット育苗は育った苗を土つきのまま植えつけることができ、活着が早いといった利点があります。

ポットを利用する場合は、苗箱1枚当たり98穴か128穴のセルトレイ（育苗鉢の連結した容器）が適当でしょう。苗が徒長しやすいので、早めの植えつけが必要です。

❶水はけがよく、保湿できる苗床用の土（たとえば燻炭2、砂土2、堆肥等1、畑の土5の割合で）をつくり、セルトレイに入れる

❷棒などで穴をあけ、種を**図10**のとおり2～3粒ずつ入れる（一定以上の規模の場合、穴押し機、播種機などがあると便利。メーカーは阪中緑化資材など）

❸軽く土をかけ、水をじゅうぶんにかけたあと被覆資材で被覆する

❹発芽後、被覆をとり、約2週間育苗する。必要な場合は、根を傷つけないよう園芸用バサミで根元を切

図11　苗床での種まき（条まき）準備の例

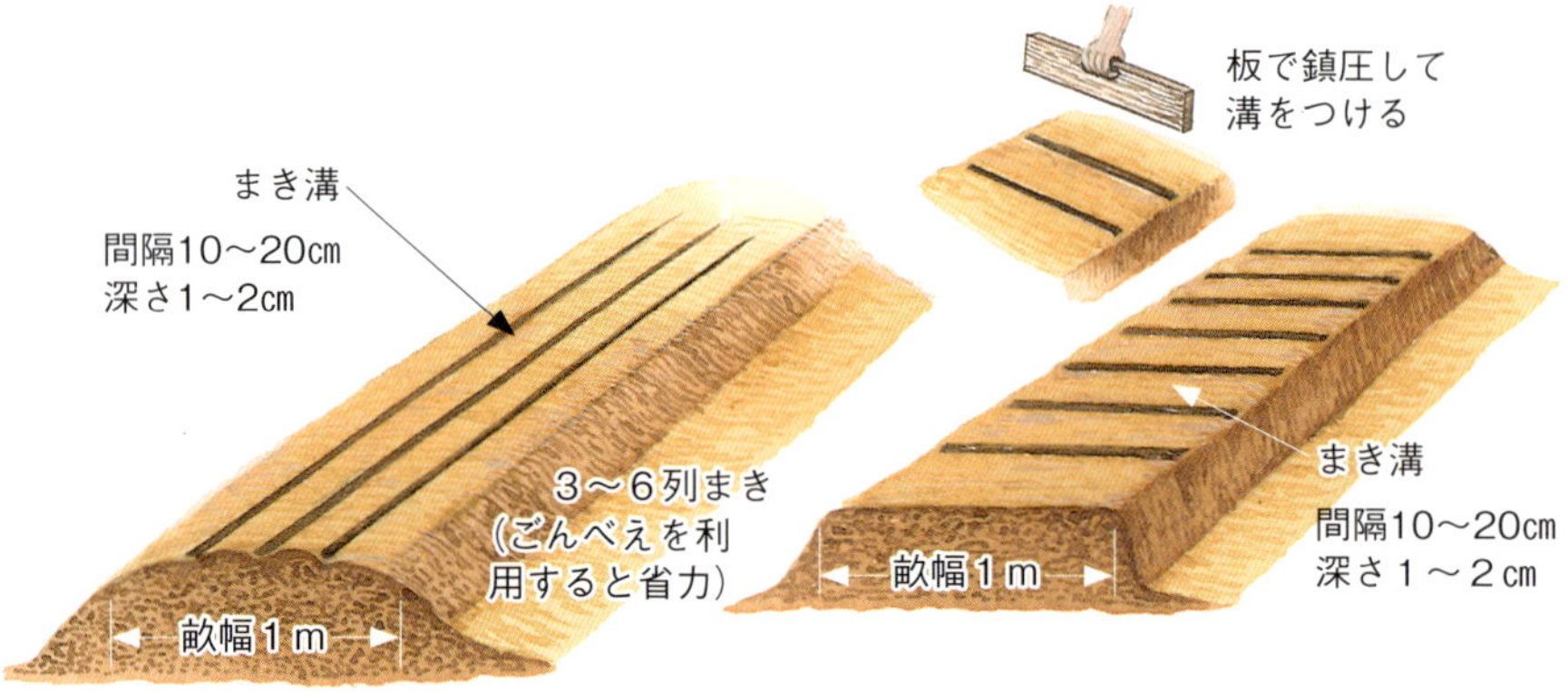

って1～2本に残すように間引く
❺苗の本葉が開き、5～10cm程度の大きさになったら植えつける

苗床での種まき・育苗

資材が不要で、畑の片隅に苗床をつくるため、だれでも取り組める方法です。

苗床で育苗する場合は、草取りなどの管理をするために、条《すじ》まきをします（図11）。発芽させるために保湿が重要なのは、ポット育苗と同じです。

❶苗床の土を板で抑えて鎮圧しておく（保湿効果がある）
❷木の板を使って10～20cm間隔、深さ約1～2cmの溝（まき条）をつくる（①、②とも手押し式播種機ごんべえを用いると省力化できる。ごんべえのメーカーは向井工業）
❸溝に種を均一にまき、種が隠れる程度に薄く土をかけて抑え、水を与える
❹発芽までは被覆資材やわら、モミガラなどをかけておく
❺発芽まで湿度を保つ（約2週間育苗）
❻発芽して4～5日後、苗が長さ2～3cmを越えたら、株間が1・5～2cm間隔になるように込み合っている部分を間引き、まわりの雑草を取り除く
❼苗が5cmほどに育ったら、株間が約3cm間隔くらいになるように2回目の間引きをする

苗が10～15cm程度の大きさになったら、植えつけることができます。

苗床の太陽熱処理

整地し、じゅうぶんに湿らせた苗床を透明ビニールで覆います。そのまま2週間以上置くと、病原菌と雑草の種が死滅します。種まき前の処理

畝をつくり、ポリマルチを敷く

発芽（種まき10日後）

で、エゴマ発芽後の管理が楽です。

直まき栽培の場合

畑への直まきの場合、植えつけの手間が省けますが、確実な発芽率にするのがむずかしいうえ、苗が15㎝くらいになるまでに約1か月かかります。その間の除草が必要です。また、種が見える場合があり、鳥にねらわれることがあります。薄く均一に土をかけ、種が見えないようにします。

直まきは、まわりの草対策をどうするかが大きな課題となります。その問題を解決するために、マルチを利用するとよいでしょう。最近は生分解性のものもあり、値段は普通のものの3倍もしますが、片づけの手間やゴミの処理もなくなり、省力できます。じゅうぶんに生育したころには分解されますので、畝間の土を土寄せすることも可能となります。

マルチを使用しない場合の手順

畑に直まきするときには、1a当たり50㎖（10㎡当たり5㎖）の種を目安の量とします。

❶畝間60～150㎝で条まき、または点まきする

❷薄く土をかけ、じょうろなどで発芽するまで（4～7日）水を与える

❸苗が育ってきたら株間25㎝程度で2、3本になるように間引く

なお、エゴマを帯状に密まきして成功している事例もあります。

マルチを使用する場合の手順

❶あらかじめ畝（畝間120～150㎝）をつくり、ポリマルチを敷いて株間25～40㎝の目安で穴をあける（穴のあいたポリマルチもある）

❷穴に点まき（4～5粒）をする

❸薄く土をかける

畑への植えつけの適期と手順

植えつけの適期

6月下旬~7月上旬ごろ、苗がポット育苗ならば5~10㎝程度（徒長しないうちに）、畑での苗床育苗ならば10~15㎝程度の大きさになったら植えつけます。

苗床で育てた苗の場合、掘りとった苗は根が切られるため、すぐにしおれてしまうので2~3時間以上水に浸し、よく水あげした状態にしてから植えます。

生育期がちょうど夏の干ばつにあたると、生育が遅くなる可能性があります。植えつけが遅くなってしまった場合は、株間を狭く、3本植えくらいにして密植し、本数を増やすことで収穫量を確保するようにします。

どのくらいの間隔で植えるか

植えつけ間隔の例を**図12**で示します。

実と油の利用の場合

一般的には、株間25~40㎝、畝間80~150㎝の間隔で植えつけます。この畝間は管理機などでの土寄せや日当たりを考慮に入れたものです。1~3本植えとします。

人力（鍬）で土寄せをおこなう場合は、株間25~40㎝、畝間60~100㎝の1条植え、または畝間120~150㎝での2条植えでもよいでしょう。同じく1~3本植えとします。

たとえば株間50㎝、畝間100㎝で1本植えのような疎植の場合、条件がよいと全体から日が当たるためエゴマは旺盛に育ち、株元はコップほどの太さになります。

人が立ち入りやすいために作業がしやすく、また収量も見込めますが、そのぶん、台風など風で倒れたり枝が折れたりしやすいので、支柱や紐などで支えるような工夫が必要になります。小面積栽培向きといえます。

一方、株間25~30㎝、畝間60㎝で2~3本植えのような密植をする場合は、株同士がたがいに支え合うため、台風には強くなります。

しかし、徒長しやすく、下部に日が当たりにくくなり、穂がつかなくなるといった問題も出てくるため、最初の摘心、2度目の摘心をするこ

図12　植えつけ間隔の例（1～3本植え）

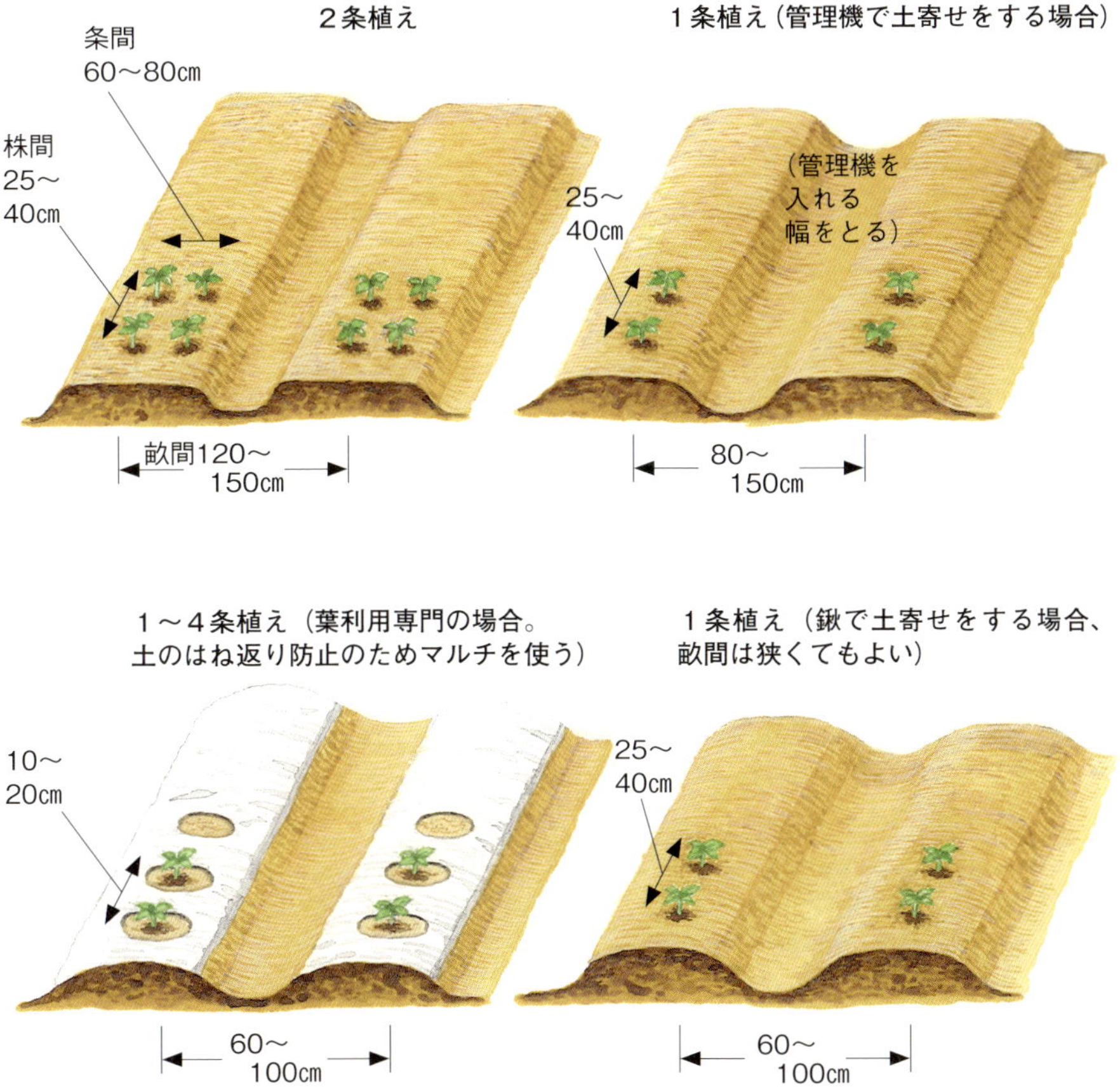

とによって伸びを抑えることが大切です。詳しくは、摘心の項目で説明します。

また、先に説明したように、植えつけ時期が遅れてしまったり、高冷地などでもともと生育期間を長くとれないような場合も、株間を狭くし、植えつけ本数を増やし、密植にして収穫量を確保することを考えるとよいでしょう。

葉の利用専門の場合

韓国ではハウス栽培でマルチを利用し、株間10～20㎝、1～4条植えで若葉をつぎつぎと取り、年3回ほど周年栽培する方法をとっているようです。

また、実利用よりやや密に植えつけ、ある程度大きくしてから葉を取る方法なら露地畑でもつくりやすいでしょう。収穫期は2か月ほどに集中します。

植えつけに正解はない

エゴマの植えつけには、疎植から超密植までの多収穫の事例があり、正解はありません。各地域での気候や土壌の肥沃度の違い、作業のスタイルの違いによって、十人十色です。そのため日本エゴマ普及協会の研究会などでは、いつも事例をもとにした論議が白熱します。

穂が多くつくように側枝を増やすこと、伸びすぎて葉ばかり育ち、実が小さくならないように株間、本数、摘心のタイミングを決断することが大切です。いろいろな方法を試してみるとよいでしょう。

安定多収のキーポイント

収量の多い例に共通しているのは、土の肥沃さで大穂に育てたり、条間を広くして密植と摘心を組み合わせたりしていることです。

10a当たり100kgほどの収量をあげたところでは株間30cm、畝間70cm、2本植え、摘心2回ということでした。また、株間25cm、畝間150cm、1~2本植え、摘心2回という方も100kg超えでした。

お盆以後の雨が多く、背が伸びすぎて下部の穂つきが少なかった年でも、7~8月上旬までの摘心が多収のキーポイントになったようです。

図13　1本植えと2本植えの例

太い苗は1本仕立ての直立植え。株間25~40cm

徒長した苗は床上20cmくらいにして穂先、葉先の高さをそろえ、斜めにして植える

植えつけの手順

エゴマの苗は乾燥に弱いため、なるべく曇りの日や、日ざしの弱まる夕方に植えつけます(**図13**)。

転作田など水はけの悪い畑では、畝を立ててから植えつけます。

❶苗床で育てた場合は、前日や植えつけ日の朝に苗を掘り取り、水を入れた桶などに挿して水を吸わせておく。ポットで育苗している場合は、育苗した土を湿らせておく

❷株間、畝間を決め、植える場所

に印をつけ、ポット苗なら穴をあけておく（苗の移植機なかよしくんを使うと便利。メーカーはみのる産業。野菜の移植機を利用し、植えつけている地域もある）

❸畑苗の1〜3本植えの場合、なるべく穂先の高さをそろえて植えていく。2〜3本植えは、あまり深植えしないで斜めにし、土の上部に植えるようにする

私たちの畑ではポット苗を、塩ビパイプに通して落とすようにして手早く置き、植えつけています。苗を置くときに腰をかがめる必要がなく、かぶせる土も少量なので、楽に作業ができます。

上・苗に水を吸わせておく。下・植えつけ直後（1条植え）

苗が伸びすぎてしまったら

エゴマの苗の植えつけは、梅雨入りのとき。苗が1日で数cmも伸び、あっという間に30cmにも達します。

そうなったときでも、植えつけは問題ありません。2〜3本穂先をそろえて深植えをせず、斜め植えをして、植えるとよいでしょう。

シカ害対策の電気牧柵

苗が虫に食いちぎられたら

植えつけた苗をネキリムシやハムシに食いちぎられることがあります。そのときは多めに用意しておいた苗で補植をします。この被害は、6月中旬の早すぎる植えつけに多いようです。

シカがエゴマの苗を食べる

以前は「エゴマには獣害がない」といわれていました。最近は、エゴマでもシカによる食害が発生しています。植えつけ直後ならば、1反程度は一晩で全滅させられてしまうほどです。ある程度育ってからも、葉が青いうちは被害が出ています。

他の作物でシカによる食害が出ているような地域では、電気牧柵などによるシカ害対策を考える必要があります

生育期の中耕・土寄せ・除草

中耕と土寄せの目的

エゴマ栽培の最大の敵は、台風です。台風シーズンが来る前に、容易に倒れてしまわないような株に育てる必要があります。

中耕は、畝間や作物の根元を浅く耕すことで、土の通気性と水はけもよくする作業です。これらの効果とともに、そこまで伸びている根を切って新しい根の発育を促すことで、生育が旺盛になり、倒伏防止にもつながります。

この中耕と同時に株元に土寄せすると、土をかぶった茎からも新たに根が出て、さらに倒伏しにくくなります。

除草と中耕、土寄せを2回

中耕や土寄せをおこなうことは、株元の雑草の生長を抑えることにもつながります（**図14**）。

エゴマの植えつけを終えるころ、または植えつけの最中に梅雨がやってきます。エゴマは旺盛に育ちますが、それは他の雑草も同じです。マルチを使用していない場合は雑草が伸びてくるため、除草の作業が必要になります。畝間に雑草が伸びてきたら草刈り機などで刈り、中耕と土寄せをおこないます。

この作業を2回ほどおこなったころには、エゴマの葉が畝間を覆うほどに育ちます。株元に日が当たらなくなり、草を抑えます。

また、エゴマは他の草の生長を抑える物質を出すともいわれており、ここまでていねいに土寄せ、除草ができればそれからの除草の必要はな

図14　土寄せのポイント

鍬で土寄せ

除草も兼ねておこなう

管理機による土寄せ

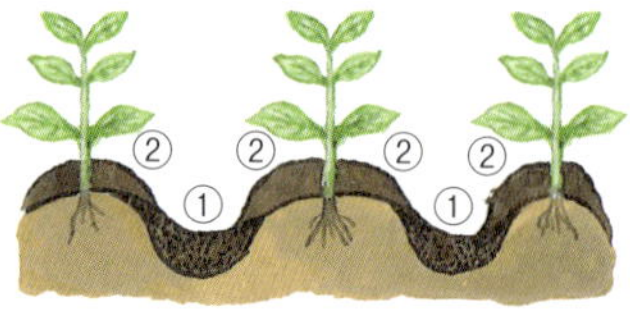

管理機で中耕①し、土寄せ②を同時にする。管理機は畝を立てたり、溝を掘ったりするのに用い、用途に応じていろいろな型式がある

くなります。

なお、雑草が草刈り機で刈るほど大きくなる前にこまめに中耕・土寄せをおこなっていれば、除草する必要がなくなります。

管理機による中耕後のエゴマ畑

株元に土寄せをおこなう

除草剤は使わない

健康食材のエゴマですから、栽培には除草剤を使いたくありません。除草剤は土中の微生物も死滅させてしまうため、土の中の生態系バランスが崩れ、結果として病気や虫害も増えてしまうからです。

化学肥料も同じで、特定の栄養を与えてしまうことが土中の生態系バランスを崩してしまいます。

よく「エゴマは連作できますか」と尋ねられます。除草剤や化学肥料を使わず、自然の摂理に合った栽培をしていれば、むしろエゴマと土がよいハーモニーを奏で、毎年つくればつくるほど、よいエゴマができてきます。15年以上、無農薬・無化学肥料で連作している畑でも、立ち枯れなどはほとんどなく育っています。

もし連作ができないようなら、それはかならずしもエゴマという作物のせいだけではなく、土壌改善が必要だったりする場合が多いのです。

生育期の摘心のポイント

摘心の目的

摘心とは、主枝の生長点を摘んで生長を止めることで脇芽を生長させ、側枝を増やして草丈を抑え、収量アップをめざす手法です。

摘心をしないと、エゴマはどんどん上に伸びていき、2m近くにまで生長し、スギのような三角錐の形に育ちます。摘心をすると草丈を抑え、側枝が太くなり、折れにくくなります。

韓国では多収をはかるため、摘心は必須の作業になっています。暑い時期の手間のかかる仕事ですが、手間をかけただけの効果はあります。

密植の場合の摘心

密植の場合、摘心をしないと徒長して根元のほうには日が当たらなくなります。上部には花穂はつきますが、できた実も小さく、見た目は茂っているようでも、実の収量はとても少ない結果になります。

また、日当たりのよい場所と日の当たらない場所で開花期がずれ、実の成熟度がそろわないことも収量減の原因となります。

摘心をして草丈を低く、畑全体で見て平らな感じにすることで、まんべんなく日が当たるようになり、開花期がそろいます。側枝が増え、花芽も増えることにより、収量増が期待できるのです。

疎植の場合の摘心

疎植の場合は、背が高く育ってもまんべんなく日が当たり、開花期もそろってじゅうぶんな収量が見込めるため、かならずしも摘心の必要性はないかもしれません。しかし、疎植の場合は枝を広げて育つので、茎がいくら太くても側枝の重みを支えきれず、風で枝が根元から折れたり、株全体が倒伏してしまう危険性が高まります。

小面積なら倒伏防止策をとることもできますが、一般的には倒伏防止のため、日を当てて収量を確保する摘心が不可欠です。

最低でも1回、手間があれば2回おこないます。大規模栽培の場合、刈り払い機などで刈り取ってもよいでしょう。

つるボケ解消にも

図15　摘心のポイント

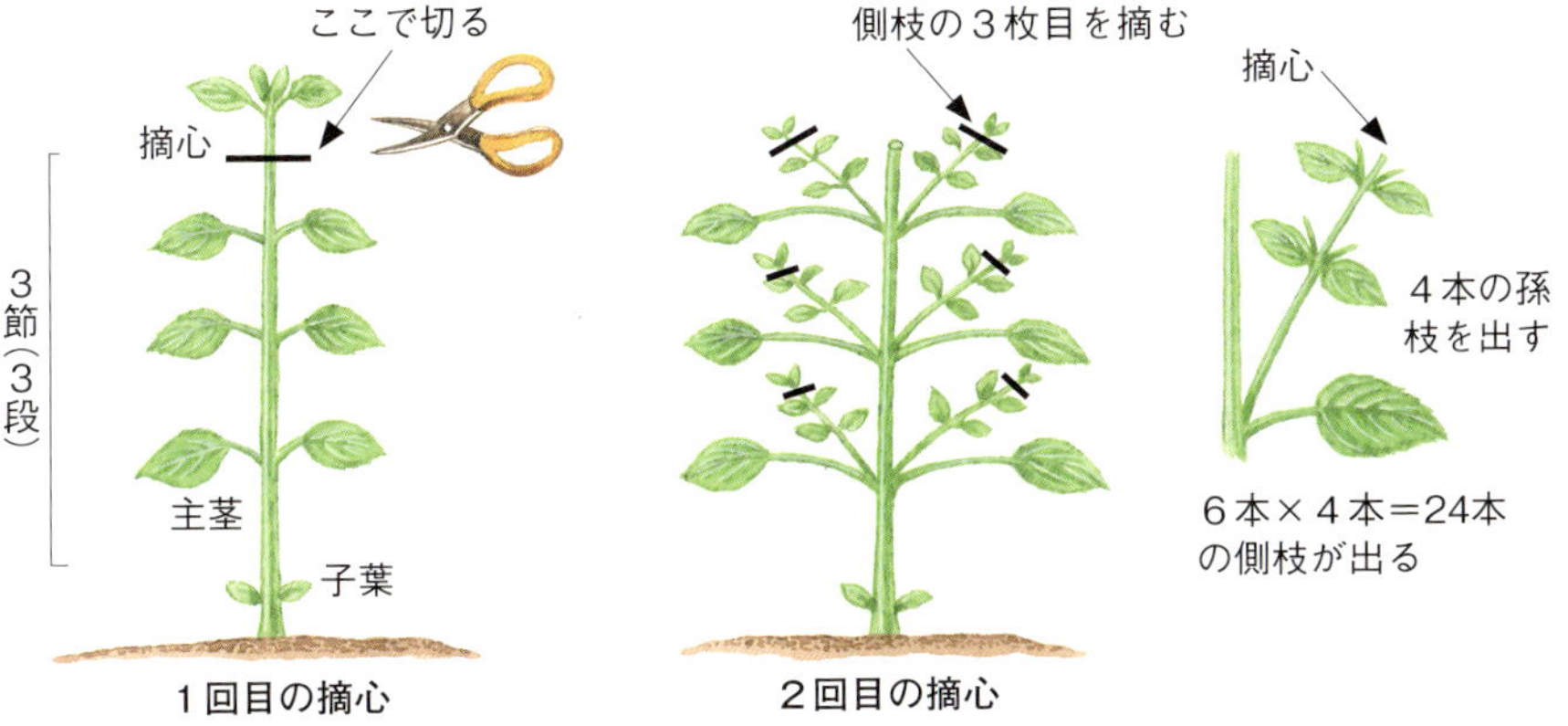

主枝の生長点を摘む摘心

摘心は、いわゆるつるボケの解消にもなります。

つるボケは、植物に葉やつるばかりが育ち、花が咲かなかったり、実がつかないような状態のことをいいます。これは、窒素過多や肥料過多など環境がよすぎる、いわゆるぬるま湯状態のために、「べつにいま子孫をつくらなくてもいいか」と判断する場合に起きます。

こういった状態のときに摘心をして生育を抑制すると、つるボケが解消され側枝を出し、収量増に結びつきます。

摘心の時期と手順

摘心は、基本的には2回おこないます（**図15**）。

1回目の摘心

1回目は、20～30㎝くらいに育ったところに、根元より本葉3節を残して上部を摘心します。せっかく青々としてきてかわいそうな気もしますが、心を鬼にしてチョキンと3節目の脇芽を残して摘心し、側枝を育てます。

2回目の摘心

2回目は、最初の摘心の1か月後くらいに側枝の2節を残して摘心し、孫枝を育てます。最終的には1

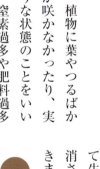

２０㎝くらいの草丈に抑えることができればよいでしょう。

側枝が何節育ったかを見て決めるというよりは、エゴマ全体に日光がいきわたっているかどうかを観察し、日光が下部まで届くように摘心、剪定をするといった考え方でおこないます。

摘心の実施回数判断

生育状態によっては、３回目の摘心が必要になるかもしれません。

逆に寒冷地での栽培や、植えつけが遅くなったなどの理由により、背があまり高くならず、全体に日が当たるような場合は、摘心しない、または1回で済ますといった判断をします。せっかく収量増を見込んで摘心をするのに、そのことによって出てきている花芽を摘んでしまっては元も子もありません。

摘心は、花芽が出る10日前には終えることが大切です。中生のエゴマならば8月の５日ごろまでに、晩生ならばお盆前には摘心を終えましょう。

収量増のために摘心を2回おこなう

摘心の道具

摘心は、一般的には園芸用のハサミや剪定バサミ、カマなどを用いておこないます。茎なので手では摘み取りにくいです。

大面積で育てている場合、草刈り機や茶刈り機などで一気に頭をそろえるように摘心する方もいます。そういう意味では、第何節をといったことに気を遣わずに高さを見て摘心をおこなっても、さほど問題はありません。

摘心した葉も利用

摘心して取れた葉や茎は、栄養たっぷりの食べ物です。大量なのでつくだ煮などに加工しておくと常備菜として便利です。また、生のまま刻んでサラダにしたり乾燥してお茶にするなど利用できます。第４章で、葉の利用法を紹介しています。

エゴマの開花と葉の収穫

開花時期と結実

日照時間が短くなると花芽を分化させる短日植物であるエゴマは、日が短くなる8月下旬〜9月にかけて開花します。

1本のエゴマには15〜30本の枝があり、それぞれの枝に40〜50の花をつける花穂を5〜6本つけます。花は白く、シソによく似ています。

8月下旬〜 9月に開花

花穂の中央あたりから開花が始まり、そこから上下に開花が続いていき、最後に最先端部が開花します。開花した花から順に自家受粉し、結実していきます。シソや他の品種のエゴマと交雑しやすいことに注意が必要です。

ちょうど花が終わったころの花穂（花弁や苞が茶色くなる前まで）は穂をしごき、穂ジソ同様につくだ煮などにするとおいしく食べられます（第4章で紹介）。

開花した順に自家受粉し、結実

実の成熟

受粉後、約1か月かけて、実は成熟していきます。

実が成熟していくにつれて、花弁や苞は茶色くなって脱落し、萼筒のなかに四つの種をつけます。黒種も最初は白い色をしていますが、成熟していくにつれて黒く、または灰色に色づいてきます。

葉の収穫はいつでも

葉の収穫は手で摘み取ります。収穫量が多い場合、指がエゴマのあくで真っ黒になるので薄いビニール手袋を利用します。畝間を歩きながら摘み取り、片方の手に重ねて持ち、摘んだ葉の枚数を数えながら腰籠などに入れていくとよいでしょう。

葉専用種のエゴマの葉は、種用のものよりも葉が大きくて厚く、香りが強く、裏側が紫色を帯びています。葉専用種のエゴマは、密植した場合は若葉を収穫し、疎植した場合は、ある程度大きく育てて一気に収穫します。7月中旬から9月ごろまではいつでも収穫することができます。

近年、葉を醤油漬けなどにする利用者が増えており、一定の枚数の葉をビニール袋などに入れて直売所などに出荷すると喜ばれます。

エゴマの葉は手で摘み取る

刈り取りと脱穀前の乾燥・保存

刈り取り時期の見定め

一般的な収穫時期は、早生は9月、中生は10月上・中旬、晩生は10月下旬となります。開花から29日後に刈り取りすると収量が多いというデータもあります。

茎葉全体が黄変したとき

茎葉全体が黄変し、穂の中をのぞくと実が黒くなっているときが刈り取り適期です。穂先が黒くなりかけたときが刈り取り最適期の目安です。

上部に緑葉が残るが、下部は黄変

この時期までならば、刈り取るときの衝撃や、刈り取ったものを逆さにしても脱粒しません。しかし、たたいたり乱暴に置いたりすると実が落ちるので注意します。

脱粒による収量減を避ける

黄変時を過ぎて全体が茶色くなってくると、少しでも触ると脱粒してしまい、一気に収量減となります。ほんの数日の違いで、収量は大きく変わるので、ひんぱんに畑に足を運び、刈り取り適期を見定めることが大切です。

黄変が始まり、緑色の葉がまだ4

刈り払い機刈り

背負い式の刈り払い機で刈る

刈り払い機は面積が広い場合に有効

手刈り

株元をノコギリガマで切る

つぎつぎと刈り取る

分の1くらい残っているころから刈り取りの準備を始めましょう。その5～7日後に一気に刈り取ると、ちょうどよいタイミングになるはずです。

刈り取りの方法と時間帯

株の根元から刈り取ります。刈り取った株は、運びやすい量をまとめて束ねておくと、あとの作業で脱粒を防ぎ効率的です。

手刈り

エゴマの茎は密植でも直径2㎝くらいの太さでとてもかたいため、ふつうのカマでは刈り取れません。手刈りならば剪定バサミ、ノコギリガマなどを使います。竹伐りノコギリも使いやすいです。

刈り払い機刈り

一般的に生産者は、刈り払い機で刈り取っています。刈り取った株を

コンバイン刈り

大面積の場合、コンバインで刈り取る

直まき、摘心１回の畑

脇に寄せたり、束ねたりしながら作業することになるため、片手があけられる背負い式の刈り払い機がおすすめです。

コンバイン刈り

大面積で栽培しているところでは、脱穀もあわせてコンバインで刈り取りをおこなっています。１００％黄変し、穂先が黒くなりはじめたら、コンバインでも脱穀できます。

１台のコンバインで大面積だと、どうしても刈り取り時期のずれが生じます。また、最大の難点としてこの時期は実がまだ水分を持ち、やわらかいため、実の表皮が１００％傷のない状態にはいかないというリスクは免れません。そのため、皮のかたい白種や灰種が機械化には向いているようです。

コンバイン刈りは、いかに実を傷つけずに刈り取れるかが鍵となります。

朝夕の露のあるうちに

黄変時であれば、草刈り機で刈っても大量に脱粒することはありませんが、それでも成熟の程度によって多少は脱粒してしまいます。なるべく脱粒しないように、刈り取りは乾燥の激しい日中より、朝夕の露のあるうちや曇天の日におこないます。

脱穀より刈り取り優先で

適期の刈り取り優先

黄変している状態ならば、まずは刈り取りを最優先しましょう。

とくに寒冷地では、霜が降りるとすぐに茶色くなり、脱粒しやすくなります。刈り取り適期は本当に短い期間なので、そのときに一気に刈り取ってしまうことが大切です。

広い面積の場合なら、人手を借り

4～5株を束ねる

その場で乾燥

刈り取った株を運ぶ

その場に並べて干す

1週間ほど干した状態

てでも適期に刈り取ってしまいましょう。

その場に並べて干す

刈り取った4～5株をまとめて、その場に並べて干します。

脱穀に向けて、刈り取ったエゴマを1週間ほど干します。そうすることで全体が乾燥して軽くなり、脱穀作業が効率的になります。

室内置き場がある場合、エゴマをシートにのせ、置き場まで運びます。ここからは、すべてシートの上にのせて扱います。

脱穀までの乾燥・保存

葉がついていて湿気を持っているため、干す間に高温になると実が酸化してしまいます。また、湿気が多いとかびてしまいます。エゴマの品質を損なうのは湿気と高温、傷です。そのことをしっかりと頭に入れて管理、保存しましょう。

以前は全体が茶色くなるまで干していましたが、まだ茎に黄色が残っているうちでも穂が茶色になればじゅうぶんに脱穀できます。

屋外で干す場合の注意点

屋外で何日も茶色くなるまで干すと、実が風などに揺れて自然に脱粒してしまうことがあります。さらに

地面にシートを敷き、まとめて置く

室内干し・大型扇風機をかけ、風通しをよくする

スズメなどの鳥が寄ってきてしまうため、その対策も必要です。黄色が残っているうちに脱穀することで、屋外に置く期間が短くなります。

屋外でまとめて置く場合は、地面にシートを敷き、刈り取ったエゴマをまとめて置き、シートで覆って雨風をしのぎます。野外だと温度が上がりすぎる心配はあまりありませんが、雨よけのシートをかけることで結露により中が蒸れてしまうので、毎日シートを外して乾燥させます。

ハウスで干す場合の注意点

ハウスに入れるときは高温と湿気でかびたり、実が劣化したりするので、大型扇風機をかけて風通しをよくします。

室内で干す場合の注意点

室内で干す場合も、まだ葉が多くついているようであれば湿っているので、あまり重ねて置かないようにします。ハウス同様に大型扇風機をかけて風通しをよくするなどの工夫をして、蒸れないように注意します。

私たちのところでは、かつて鶏舎として使っていた小屋に持ち込んで干しています。鶏舎ですから風通しはもともとよいのですが、熱と湿気でカビが発生しないように大型の扇風機も使っています。

長期間の保存

脱穀がすぐにおこなえず、1か月以上保存しなければならない場合も、扇風機を設置したり、日よけなどを工夫。高温にならないよう、風通しがよくなるように工夫するとよいでしょう。

ここで品質を落としてしまったら、収穫までの苦労がだいなしになります。

脱穀と選別・乾燥のポイント

脱穀から選別、水洗、乾燥などの流れを**図16**で示しておきます。

脱穀の方法

刈り取ったエゴマから、実を取り出す作業が脱穀です。シートに運び込み、その上で脱穀作業をします。

よく乾燥させておいたエゴマ

量にもよりますが棒でたたいたり、桶に入れて内壁に棒でたたきつけたりして脱穀している地域もあります。

搾油用に栽培する場合、量が格段に多くなるため、束ねたエゴマを枝ごと板に打ちつける方法をすすめています。

板を使った脱穀の工夫

板の台に打ちつける

脱穀の方法は多様ですが、私たちは次頁の写真のように、傾斜をつけた板にエゴマを枝ごと打ちつけ、下に置いたポリ箱に脱粒した実の多くが集まるようにおこなっています。

無理なく板に打ちつけられる程度

図16　脱穀・調製の流れ

乾燥	→	脱穀	→	選別	→	乾燥	→	保存	→	水洗	→	乾燥	→	保存
室内干し 屋外干し		〈方法〉棒でたたく 板に打ちつける		〈風選〉自然の風 扇風機 唐箕 ふるい・ザル		（水分量10％以下に） 天日干し		管理・保存		数回おこなう		（水分量10％以下に） 陰干し		4月以降は冷蔵保存・ 低温保存

脱穀の例

1 テントを張り、防虫ネットで囲む

2 エゴマを作業場に運び出す

3 小さな単位にそろえておく

4 傾斜をつけた板の台を用意

5 穂を枝ごと板に打ちつける

の束を持ち、最初は脱粒した種があまり飛び散らないよう、やさしく打ちつけます。サラサラと実が落ちる音が小さくなってきたら、少し強めに打ちつけ、束の向きを変えたりして、すべての実を脱粒させます。

　板の台は手づくりのものですが、以前よりもずいぶん楽に脱穀ができるようになりました。写真の板はコンパネですが、波トタンやスノコ板などにすると脱粒した実が跳ねにくくなるようです。

簡易テントを設営

　どうしても脱穀した実がまわりに飛び散ってしまうので、作業場の地面にシートを敷き、簡易なテントを建ててまわりを防虫ネットで囲っています。作業中にまわりも見回せるし、風通しもよいので、気持ちよく作業をすることができます。

脱穀中はほうきが必需品

脱穀中は、シートの上にもたくさんの種が飛び落ちます。落ちた実を踏みつけてしまうので、移動する足もとは必需品のほうきではきながら作業するよう心がけましょう。

踏んでしまった実は洗うとき、砂と一緒に沈んでしまいます。

エゴマ脱穀機を模索中

大量のエゴマを脱穀するのは大変です。さらなる省力化をめざして、エゴマの脱穀機を模索しているところです。

米や麦、豆、ソバ用の脱穀機の回転を落とし、実が当たる場所を板状にして傷つかないようにしていくなど、生産者目線の模索が続きます。

また、エゴマ用のハーベスター(脱穀、風選、殻の切断)も農機メーカー(斉藤農機製作所など)で試作開発中です。

打ちつけられて落ちてきた虫

シート上に飛び落ちた実を回収

大きなゴミを取り除く

ポリ箱に実を集める

選別の方法

早めに虫を除去

脱穀したあとに集めた実には、枯葉や枝、土、虫などが混じっています。とくに虫は実を食べるばかりでなく、糞をします。糞はあとで取り除くのに苦労するので早めに虫を除去します。これらをできるだけ取り除き、エゴマの実だけを取り出すのが選別です。大きなゴミの除去から小さなゴミの除去へと段階的におこないます。

選別の手順

❶4㎜の網目のふるいやザルを使って、葉や枝、穂殻、大きめのゴミなどを取り除く

❷1・5㎜のふるいで細かい砂やゴミを落とす

❸唐箕《とうみ》(風を当てることで、重い実を手前に、軽いゴミを遠くに飛ばすことで選別する道具)にかけて、

選別の例

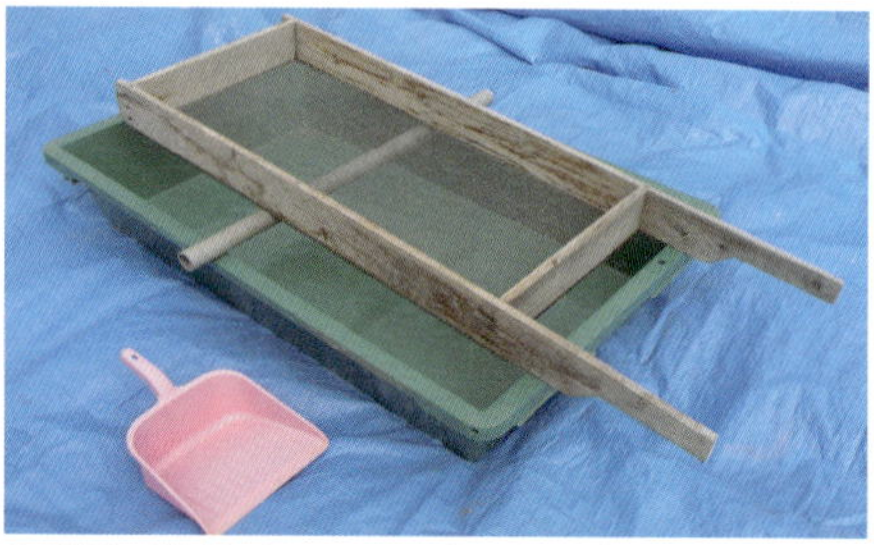
1 選別の道具（ふるい、ポリ箱など）

2 手でふるいを前後に動かす

3 ポリ箱の中に実がたまる

4 唐箕に実を入れる

5 手でゆっくり回す

6 風圧で実が分かれて落ちてくる

7 小さなゴミも除く

8 実を袋に詰め込む

細かいゴミを飛ばす。米や豆などと比べてエゴマは軽いので、実まで飛んでしまわないように風を弱めに加減する。二度かけると、選別がよりすすむ

かつては唐箕を使わず、箕と自然の風できれいに選別する技術がありましたが、最近はそれができる人は少なくなってきました。唐箕は農機メーカーなどで購入できますが、大きなものなので地域の仲間と共同で所有することも考えられます。扇風機などを使って風でゴミを飛ばす工夫をしてみてもよいでしょう。

なお、実を出荷する場合、手で時間をかけてゴミを取り除いている地域がほとんど。目視と同じように選別してくれる機械もできています。

機械によるゴミ取り

エゴマの実のゴミ取りには、目視

では、限界があります。自家用でしたら、炒るとき食べるときに気になるものを省けばよいのですが、やはり店頭に置くとなると選別の大変さなど理解できない消費者が手に取ります。100％を生産者に求めるのは本当に酷なことです。

しかし本来、実を丸ごと食べてもらいたいので、多くの生産グループでは、協和工業のゴミ取り機を利用しています。時間当たりの処理量は少ないですが、機械がやってくれるのでありがたいです。

選別後の乾燥

選別後のエゴマの実をシートなどに広げ、天日干しして乾燥させます。ここでしっかり乾燥させることで、しつこく実に混ざっていた虫を追い出すことができます。

また、脱穀したての実には、まだ20％程度の水分が残っています。この段階で水分量10％以下に乾燥させることで、次の段階の水洗による選別がやりやすくなります。

水分量が7％以下になると、食べてみてカリカリ感が出てきます。目安にしてください。この状態で保存しておくことができます。次の段階である水洗を慌てておこなうことはありません。このときも、湿気と高温にはじゅうぶん注意が必要です。

脱穀後の枝・穂の利用

エゴマの枝葉にも油分があり、火をつけるとパチパチと音を出し、よく燃えます。脱穀後の枝や穂を燃やさずに利用する方法を紹介します。

- 刻んだ殻を布袋に入れ、お風呂に入れて体を温め、肌つやをよくするのに役だてる（かつて長野県などでは殻を鍋で煮て、煮汁をお風呂に加えていたという）
- 薪風呂や薪ストーブ、ピザ窯などの焚きつけにする
- 燃やした灰をコンニャクをつくるときのあく灰に利用する
- 細かくカットして畑にばらまき、土の微生物の活性化に役だてる

脱穀後の枝や穂を有効活用する

水洗による選別と再度の乾燥・保存

水洗の目的

ふるいや唐箕でしっかり選別しても、エゴマの実には細かい毛が生えているため、まだ土や砂、ほこりで汚れています。これらの汚れを取り除くのが水洗です。

よく乾燥したエゴマの実は洗い桶の中でよく浮き、砂や土は沈み、ゴミなどは水の中間に浮遊するので、これを利用して選別もします。そのためにも、水洗前にしっかりと乾燥させることが大切です。

水洗の方法

水洗のコツ

水洗のときも、実が傷つかないように、こすったり少ない水の中で混ぜたりせず、洗濯機のすすぎ洗いのイメージで洗うことが大切です。

一部の文献に「米をとぐように」とありますが、それでは傷ついて水を含み、乾燥中に酸化がすすむので要注意です。

❶二つの50ℓ入りのポリの桶（もしくはポリの水槽）に7分目程度の水を張る

❷一つめの桶に、水の量の4分の1くらいのエゴマの実を入れる

❸柄つきザル（1㎜目。麺ザルでもよい）で1～2分程度、かき回す。このとき、洗濯機のようにときどき水流を乱すとよく汚れが落ちる

❹かき回すのを止め、柄のついたザルで浮いている実をすくい上げ、別の洗いザル（1㎜目）にあけて水を切る。

実をすくうときにザルを水中に深く入れると、ゴミも一緒にすくい取ってしまうので、金魚すくいの要領で、なるべく水面近くだけを切るようにすくい上げるのがコツ

❺洗いザルにあけた実を、もう一つの桶に入れて③④をおこなう。まだ桶の水が濁っていたら、もう一度③④を繰り返す。なお、汚れは搾った油のにごりとなるので、きれいに洗っておく

水洗後に水を切って乾燥

洗いザルにあけて水を切った実を、雨が当たらず風通しのよいところで、直射日光で乾燥させます。

陰干しで水分量10％以下に

水洗の例

1 水を入れた桶（二つ用意する）

2 水の4分の1のエゴマを入れ、かき回す

3 浮いた実を別のザルにすくい上げる

4 下部に汚れが残る

5 いったん水を切る

6 新しい水でもう一度かき回して洗う

7 洗いザルにすくい上げる。水が汚れていたら、もう一度繰り返す

8 水を切り、風通しのよいところで広げて乾燥

エゴマの量にもよりますが、私たちはコンクリートブロックなどで高床にした上に網戸をのせ、その上にエゴマを広げています。きちんと枠がつくれれば寒冷紗などでもよいのですが、あらかじめ枠がついている網戸は便利です。

このとき、あまり厚く重ねると中のほうが蒸れて、かびたり酸化したりしてしまいます。2cm程度の厚さで、なるべく均一になるように広げましょう。

実を広げたら、鳥などに食べられないように、上からも網をかぶせ、風で飛ばないように四隅に重石をします。

2~3時間でサラサラした状態になりますが、水洗したことで水分を多く含んでいますので、1週間程度じっくり時間をかけて、水分量10%

以下にまで乾燥させます。

繰り返しますが、実をそのまま食べてみてカリカリ感が出てきた状態が水分量7%以下の目安です。

水分量を計るには

米や麦の水分計は10%まで計れるため、チェックのために用意しておくとよいでしょう。ただし、10%以下まで計れるエゴマ対応の水分計は、機種にもよりますが、入手するとなると1台約20万円。小規模栽培からスタートした場合、当初は近くのエゴマ搾油所などに依頼し、計測してもらうことも考えられます。

乾燥させるためには通風乾燥機など加温乾燥機もありますが、高温にさらすと酸化し、劣化するので、かならず通風乾燥にします。

食べてみてのどにえぐみが残るようなものは、酸化してしまっています。こうなると実も油も健康に害を与えるものになってしまい、食べることはできません。エゴマの実の調製過程は、とにかく湿気と高温と傷に注意することが大切です。

水洗は急がなくてもよい

焙煎搾りをしている搾油所では、焙煎する直前に水洗し、脱水する方法をとっているところがあります。

この場合、ふるいで砂やゴミをきれいに取り除き、水分量10%以下に乾燥し、水洗せずに冷蔵保存しておきます。

水洗いは、かならずしも急がなくてもよく、じゅうぶん乾燥させて保存しておきます。

保存は低温で脱気して

水分量10%以下に乾燥した実を保存するときも、やはり湿気と高温と傷に注意します。8℃以上で保管すると虫がわいたり、味が劣ってきます。

乾燥の例

1 実を広げる

2 実を熊手でならす

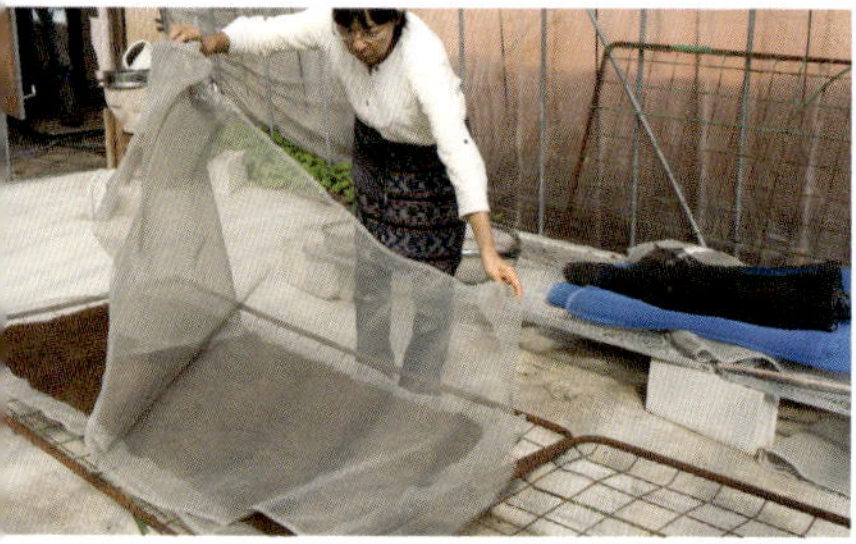
3 上から網をかぶせ、四隅に重石を置く

4 水分計で乾燥状態を計測する

大量に保存する場合は、袋に入れて8℃以下の冷暗所に置いておくとよいでしょう。冷蔵庫なら完璧ですが、ただし保湿型の冷蔵庫はエゴマの実の保存には向きません。乾燥型の冷蔵庫で保存しましょう。

また、ビニール製の穀物用鮮度保持袋に入れて真空包装で保存すれば比較的長持ちします（常温で1年ほど）。味はいくぶん落ちてきます。

エゴマはα‐リノレン酸をとくに多く含んでいるため、体の細胞を若返らせるはたらきをしますが、酸化、劣化したものは逆に体に有害となる表裏一体の性質を持っているのです。酸化させないためには、空気に触れさせないこと、高温にしないことが大切です。

病虫害などの症状とその対策

「虫は無視」が基本姿勢

エゴマは基本的には病気や虫害に強く、育てやすい作物です。

そんなエゴマにも病害はありますが、壊滅的な被害を受けることはめったにありません。また、葉に虫がつくことはありますが、日本では基本的に子実を利用するため、収穫量に問題がなければ「虫は無視」するのが私たちの基本姿勢です。

エゴマは安全・安心の食材であるため、農薬は使いたくないものです。しっかりと土壌を管理し、日照や風通しなどを適切にしておけば、病虫害の予防となります。

また、過度な施肥によって病害・虫害が広がってしまうことは、有機栽培、自然栽培のエゴマ生産者の経験知です。過度な肥料と病害・虫害は、私たちの食の偏りが病気を招く関係と同じなのだと考えています。

主な病気

さび病

葉の裏に黄色・橙色の斑点ができて広がり、葉が落ちます。被害が著しい場合は実のつきが悪くなり減収や品質不良につながります。

摘心などで栽植密度を高めず、日当たりをよくすること、風通しをよくすることで、予防になります。また、窒素過多が主な原因であるとされているため、予防するためには土づくりの段階で無肥料化するなどして土質に気を配るとよいでしょう。

灰色カビ病

植栽密度が高く風通しや乾燥が不十分だったり、窒素過多だったりするとかかりやすい病気です。水やりや土質に気をつけるようにします。

黒穂病（粗皮病）

穂や枝が黒くなったり褐色になったりし、発病すると種ができなくなります。菌類による病気で畑全体に広がり、収量が半減するというダメージを受けることがあります。

即効的な対策はありませんが、予防法としてオガクズ、モミガラなどの分解しにくい堆肥を施さず、窒素過多にならないようにします。また、密植や過繁茂を避けます。やはり摘心などをおこない、土づくりをしておくことが予防となります。

発病した場合は病原菌が越冬するため、被害を受けた茎葉を畑に残さず燃やし、灰肥料にします。

主な害虫

ベニフキノメイガ

15㎜程度の幼虫が、エゴマやシソ、ラベンダー、オレガノなど、シソ科のハーブを好んで食害します。初夏から夏に発生し、葉や茎を食べますが、長期間被害が続くことはなく、ピークは2週間ほどです。また、大量発生するようなこともありません。

あまり気にする必要はありませんが、どうしても気になるようならば取り除きます。毒やトゲはないので、素手でつまんでも問題ありません。

ヨトウムシ、ネキリムシ

ヨトウガの幼虫のことをヨトウムシと呼びます。30〜50㎜程度の大きさです。主に植えつけ直後の苗が食害にあいます。早く植えつけると被害が多くなるため、種まきを6月以降にして植えつければ被害を避けることができます。いずれにしても、万が一に備えて、苗は余分につくっておくとよいでしょう。

ハムシ、アブラムシ

植えつけのころ、ハムシがついて葉を食べ尽くすことがあります。一度食害を受けても、葉はふたたび出てきます。アブラムシは葉の汁を吸います。

シンクイムシ

7月中旬ごろから茎の中に入り込み、芯部を食害し、葉をしおれさせます。窒素過多だと出やすいとされています。

イモムシなど

収穫期のエゴマにイモムシ（ヨトウムシ、アオムシ、メイガなどの幼虫）やカメムシがつきます。種を食べたり、種を糞で汚したりします。収穫後の乾燥、脱穀などで見つかったら、すかさず除去します。

花穂についたイモムシ

主な鳥獣害

スズメなどの鳥害

実が熟し始めると、スズメ、ヒワなどの小鳥が実を食べに来ます。つつかれて頂部の花穂が落ちてしまったりするので、スズメよけのテープなどで防ぐ必要があります。モズがスズメを見張って追い出してくれる場合もあります。

かつてエゴマ全国サミットで、スズメが近くの自然栽培の畑には来ないで、肥沃で窒素過多の畑のほうに大軍で押し寄せ、大減収になったという事例が報告されています。

また、刈り取り後の乾燥や、実を乾燥しているときは、ハトなども食べに寄ってきます。乾燥させるときは、鳥に食べられないようにしっかりと覆っておきましょう。

葉に鳥の糞がついている

鳥による実の食べ残し

シカによる獣害

かつてエゴマは、その独特の香気を野生動物が嫌うためにシカやイノシシによる食害はない、といわれていました。

しかし、近年はシカの食性が変わったのか、苗の時期から収穫期まで、シカによる葉の食害は甚大です。10aの苗を一夜にしてぺろりと食べられてしまったこともありました。他の作物でシカ害が見られるところでは、電気牧柵を張るなどの対策が必要となります。

台風などの気象災害

強風や台風、豪雨などがある場合、大幅な収量減になります。

とくに収穫前の台風により、背の高いエゴマが根元から倒れたり、背がそれほど高くないものでも風当たりが強いと枝が途中で裂けたりして大きな被害を受けることがあります。

台風で倒れにくくするためには、摘心して徒長で背丈が高くならないようにすること、摘心によって分枝を多く仕立てること、土寄せにより根張りをよくしてしっかり支えていくことなどがあげられます。

プランターでの育て方と収穫

エゴマは、家庭用のプランターなどでも簡単に栽培できます。葉や実を収穫して楽しむことに主眼を置いたらいかがでしょう（**図17**）。ある程度の日照があれば、室内でも育てることができます。

用意するもの

種

葉だけを利用するならば、韓国産のエゴマの種でも問題ありません。葉も実も楽しみたいならば、国産の種を入手しましょう。

また、各地の農産物直売所などで生産者が食用として販売しているエゴマの実も、炒ったものでなければ芽は出ますので、種としてまくことができます。

プランター

幅60㎝程度で深さのある、大きめのサイズを選びます。

土

野菜用の有機培養土でよいでしょう。それなら肥料は不要です。

図17　エゴマのプランター栽培

生育過程が一目でわかる

種のまき方

5～6月ごろに種をまきます。事前にしっかりと水をまいて土をじゅうぶん湿らせておき、プランターの中央に深さ1㎝程度の溝をつけて条まきします。まいたあとは軽く土をかけて抑え、寒冷紗などで覆って保湿します。種まき後は、土の表面が乾いているようならば水を与えて乾燥しないように管理します。3～7日で発芽します。

茎丈が高くなり、枝葉が育つ（8月上旬）

間引きと中耕

芽が出そろってきたら、葉が重なり合わないように間引きます。生長の程度を見ながら、2～3回間引きし、最終的には株間が5～10㎝になるようにします。最終的に残した下部のまわりを軽く耕し、増土して新たな根の発育を促します。

食用に葉を切り取って収穫する

摘心

畑の場合と同様に3節を残して摘心することで、背が高くなるのを抑えます。側枝が育ったら、ふたたび摘心します。次の葉が出てきて育つので、多くの葉や実を収穫することができるようになります。

葉の収穫

育つにしたがって枝葉が伸びてくるので、適度な大きさでやわらかい葉を選び、葉柄から手でつまんで、または園芸用のハサミで切って収穫します。

実の収穫

中生、晩生のエゴマは、8月下旬～9月ごろに開花し、10月ごろには実をつけます。葉や茎が黄変し始めたら収穫が近づいた合図です。全体が黄変したら実の収穫のために刈り取ります。全体に茶色く枯れてしまうと自然に脱粒してしまい収穫できないので、そうならないうちに、花穂のついた枝の中心幹の元を剪定バサミで切り取って収穫します。

このころから実がこぼれるので、シートの上でおこないます。

図18　簡易脱穀の例

手で枝元と袋をにぎり、袋を板にたたきつける。前後左右に回してたたくと、袋の中で実がこぼれ落ちる

脱穀・調製

収穫したエゴマは室内に取り込み、新聞紙などの上に並べて乾燥させます。じゅうぶんに乾燥したら、大きなビニール袋に穂を下向きにして入れ、ビニール袋ごと板などにたたきつけて脱穀します（**図18**）。

袋の中には、実の他に果柄や萼などのゴミも落ちるので、ザルなどを使って選別し、実だけを選り分けます。また、唐箕の要領で実を落としながら息を吹きかけ、細かいゴミを吹き飛ばします。選り分けた実は、ふたたび新聞紙などの上に広げて1週間ほど天日乾燥させます。

乾燥させた実は、水を張った桶に入れて水洗いし、浮いている実だけをすくい取ります。すくい取った実はよく水を切り、ザルなどに広げて1週間ほど天日乾燥させます。

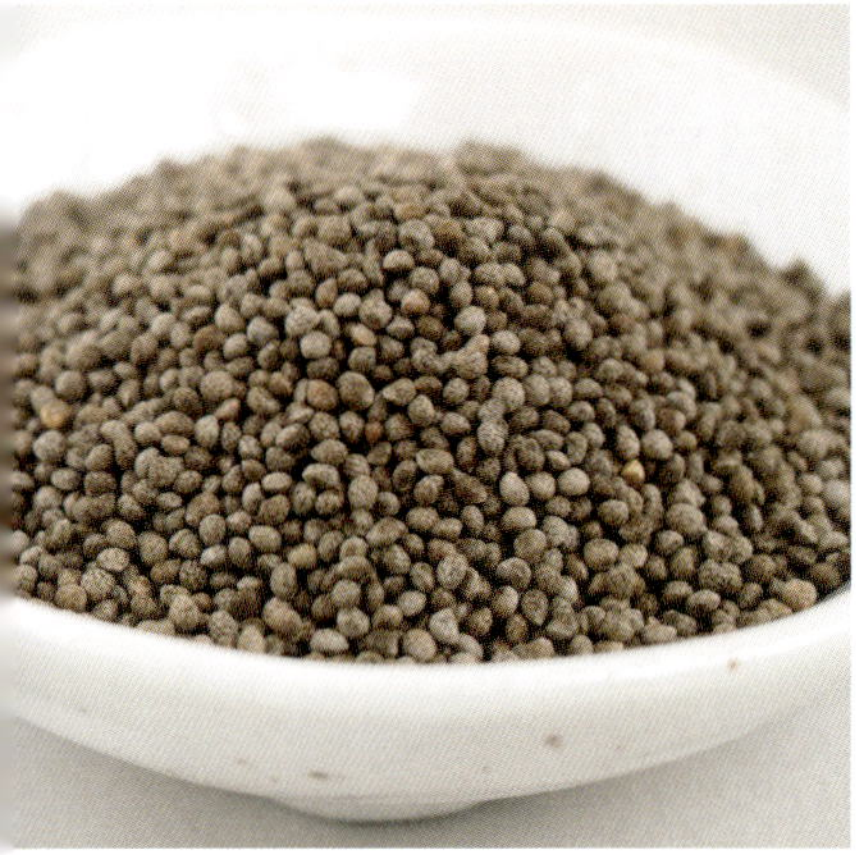

脱穀、調製をした実

保存

じゅうぶんに乾燥したら、瓶などに入れて密封して保存します。じゅうぶんに乾燥したものは、密封できる容器に入れておけば、冷暗所で保存できますが、なるべく冷蔵庫で保存するとよいでしょう。

こうして保存した実は、翌年また種としてまくこともできます。

第３章

エゴマの搾油法と搾油の受委託

非加熱で搾油し、濾過のみの精製

エゴマの搾油の仕組みと方法

植物性油の搾油法

植物の種子から油分を取り出す方法は、大きく分けて圧搾法と抽出法があります。

圧搾法

エゴマやナタネ、ゴマなど、油分を多く含む種子は、強い圧力をかけることで一定量の油を搾ることができます。

かつては、重石をのせたりはさみ込んだりして圧搾し、油を搾っていました。機械化したあとも基本的な原理は同じで、油圧などで圧力をかけて油を搾ります。圧搾法による油を一番搾りともいいます。また、スクリュー方式を取り入れることで、原料の投入と搾り粕の排出を連続しておこなう搾油機もあります。

抽出法

大豆などの油分が少ない原料の場合は、加熱するうえ、油を溶かす有機溶剤を使って油を溶出させて取り出します。この方法だと、原料の油をほぼ100%取り出すことができますが、トランス脂肪酸などの健康面への悪影響が問題となっています。

圧抽法

圧搾法では、どうしても粕に油が残り、そこに含まれる油を取りきることができません。そこで工業的には、圧搾法と抽出法を併用することが主流となっています。圧搾と抽出とを合わせた方法を圧抽法と呼びます。

エゴマの搾油法

エゴマに含まれるα－リノレン酸を摂取するのにいちばん簡単なのは、種から搾った油を食べることです。

品種によって油の量に大きく差がありますが、1kgのエゴマから少ない品種だと約230gから多いと400gくらいの油が搾れます。実が大きく、しっかりと乾燥された実であればあるほど量も多く、効率よく油を搾ることができます。

エゴマやゴマの場合、同じ植物種子の圧搾法でも加熱して油と分離させて圧搾する方法と水分を5%以下に除湿して非加熱で油を圧搾する方法があります。油のできあがりの色や香りも違います。

焙煎搾り（加熱圧搾）

実を焙煎機にかけ、220℃程度の鉄板上で攪拌し、実の温度を140℃程度にしてから搾る方法です。香りがよく、香ばしい油となるため、料理の味つけを豊かにします。色は茶色っぽくなります。韓国では主流の搾油法となっています。日本のゴマ油のような使い方をしています。おいしい焙煎搾りはエゴマのファンを増やすでしょう。

バケツに入れた乾燥した実

実に熱を加えることで油を分離させて、油を効率よく搾ることができます。ただα－リノレン酸の酸化は免れませんし、加熱するために発生する物質も過度に摂るとよくないともいわれています。

また、焙煎法で搾ったエゴマ油は、加熱すると泡立つので、揚げ物や炒め物に使うことはできません。加熱せずに使いましょう。

生搾り（非加熱圧搾）

α－リノレン酸の酸化を防ぐ

搾油機に実を入れる

エゴマの実を焙煎せず、実の水分を5％以下に乾燥させてから非加熱で搾ります。事前のエゴマの管理（乾燥、除湿）に手間がかかりますが、熱を加えずに搾るため、α－リノレン酸は酸化せず、熱に弱い酵素やタンパク質も残ります。抗酸化作用のあるルテインなども豊富に含まれています。

揚げ物や炒め物にしても、焙煎搾りのエゴマ油のように泡が出ることはありませんが、エゴマ油の栄養を効率よく摂るためには、できるだけ加熱せずに使用してください。

生産者だから手に入る地油

丹精込めて栽培したエゴマの実は、その味が搾った油に反映されます。有機栽培され、気配りした調製と、ていねいに水洗いした最高の実が油のおいしさを表します。

オーガニック（有機栽培）バージン（一番）コールドプレス（低温圧

搾）オイルという、最高の品質と健康効果にすぐれた油といえます。

大手油脂メーカーでは、大規模栽培されたエゴマや輸入エゴマを搾油するため、品質の統一と汚れを取るために搾油した油を高度な技術で精製しています。しかし、精製すると き天然の抗酸化物質である黄金色のルテインなども除かれ、透明色となるため、酸化防止剤ビタミンCなどが添加されています。

生産者が小さな圧搾搾油所に持ち込んで搾る黄金色の、いわゆる「地油」は、水洗いし、実としておいしく食べられる状態のエゴマを搾油しますので化学的処理による精製は必要ありません。品質のよいエゴマだからこそ、濾過のみの精製で搾油できるのです。黄金色のエゴマ地油が日本中に広がってほしいものです。

搾油の手順と搾り粕の有効利用

生搾りの確立

除湿乾燥室での乾燥がポイント

日本エゴマの会（現、日本エゴマ普及協会）では、２００３年ころよりエゴマの搾油に生搾り（非加熱）を推奨し、普及に努めています。そのきっかけは、会員でがんを患っていたHさんが、「熱が入ったエゴマ油は、病気の身体には負担になる」と考え、生搾りのエゴマ油を求めて韓国のエゴマ研修に参加されたことでした。

韓国の堤川《チェチョン》市での研修のさい、てんぷらを揚げていた油が生搾りのエゴマ油でした。このエゴマ油は、オンドル（朝鮮半島で普及している床暖房）の上に実を置いて乾燥させて搾油していました。

当初、会では韓国で主流の焙煎搾り（加熱）でエゴマを搾油していました。しかし、自給でき、生活習慣病を改善するなど、効用が期待できる食用油として普及を始めたのですから、健康効果の高い生搾りであることにこしたことはありません。

オンドルがない日本でHさんが開発したのが、密室の中で除湿機をかけ、しっかりと乾燥させることでした。そのことによって、非加熱でエゴマの油の分離に成功し、生搾りの手順を確立したのです。

生搾り用に搾油機を改良

手順は確立したものの、当時利用

プンジン社製の搾油機

していた搾油機は焙煎法が前提の機械であり、乾燥不十分で生搾りをすると、油の分離がされず、粥状のエゴマが出てきて機械のトラブルを起こし、故障してしまいます。そこで、韓国エゴマの会から韓国のメーカーのプンジン社を紹介され、日本での生搾りに対応できる搾油機に改良してもらい、完全にエゴマの生搾りを実現できるようになりました。

搾油機の仕組み

シリンダーの中に入れたエゴマを、上下から600kg／cm²の圧力をかけて搾り、スリットからにじみ出てきた油を金網と布でこし、真空ポンプで下部のタンクに吸い出す仕組みです。

一度に入れられるエゴマの量は6～7kgで、60～90分搾油します。

使いやすい搾油機の導入

搾油機のタイプと特徴

搾油機には、家庭で小量を搾る手動式から処理能力の高い大型の油圧式までさまざまなタイプがあります。導入するとき、搾油量、コスト、設置場所などを考慮する必要があります。

- 小型手動式（石野製作所など）
- 小型電動式
- 中型油圧電動式（サン精機）
- 大型油圧電動式（プンジン社）

各種搾油機の仕様、性能などについてはメーカー（インフォメーション参照）にお問い合わせください。

プンジン社&サン精機の搾油機

日本エゴマ普及協会が導入した搾油機（韓国プンジン社製）は、私たちの搾油法に対応するように改良してもらっており、現在のところ、最も使い勝手がよい搾油機の一つだといってもよいでしょう。

また、国内では山口県のサン精機が搾油機を販売し、国内のエゴマの搾油普及を支えています。こちらを導入する団体も多くあります。

どこでも搾油できるように

エゴマの自給地域、韓国堤川市では搾油所が町村単位でいくつもありました。地域でつくったエゴマを地域で搾油して地域も人も健康になる——日本でもエゴマをつくった人がフレッシュなエゴマ油を自給し、販売するには、これらの搾油機が韓国のように市町村単位にあるとよいと考えています。

日本エゴマ普及協会では、この搾油機の導入斡旋もおこなっています。最近では、各地の生産者組織やグループ、営農組合単位などでも導入する例が増えてきています。

生搾りの搾油手順

ここでは、日本エゴマ普及協会で指導しているエゴマの生搾りの搾油手順を紹介します。

私たちの搾油法（非加熱圧搾一番搾り法）で搾ったエゴマ油は、美しい黄金色が特徴です。エゴマをコールドプレスで搾るだけなので、元のエゴマの品質や味が反映されます。抗酸化作用のあるルテインやリン脂質が熱で損なわれることがないため、賞味期間は約1年としています。

❶きれいに洗ってあるエゴマか、実を食べてみて、苦みや酸化臭がないかなど品質を確かめる

❷エゴマ専用の水分計で水分が5％以下であることを確認し、5％以上だったら除湿乾燥室で乾燥させる

❸搾油機にかけて搾油する

❹最初に出てくる油は色が薄く、あとになるほど皮などどから出る色素が多くなり色が濃くなる。色を均一にするため、一度に搾った油はすべてタンクにためておく

❺タンクのコックを開いて瓶詰めし、打栓機で栓をつける

❻ラベルをはりつけて完成

家庭用の手動式搾油機

家庭菜園での栽培などで、ほんの少量のエゴマを搾りたい場合は、家庭用の小型手動式の搾油機も販売されています。近年の健康志向からか、非加熱で圧搾してフレッシュオイルを搾れるタイプ（メーカーは石野製作所など。機種にもよるが1台5万～13万円）も市販されています。

乾燥して加圧すれば油は出てきますので、非加熱で搾油を成功させるには実を食べてみてカリカリする状態を目安にするとよいでしょう。

酸化度のチェック

実の品質、さらに自分たちが搾った油の品質を確かめるために、会員仲間の搾油所には酸化度をチェックすることを推奨しています。これは、品質の証明にとても重要です。

分析キットで測定

酸化の程度を評価する指標は、酸価（AV）と過酸化物価（POV）が一般的です。これらを簡単に測定

搾油の例

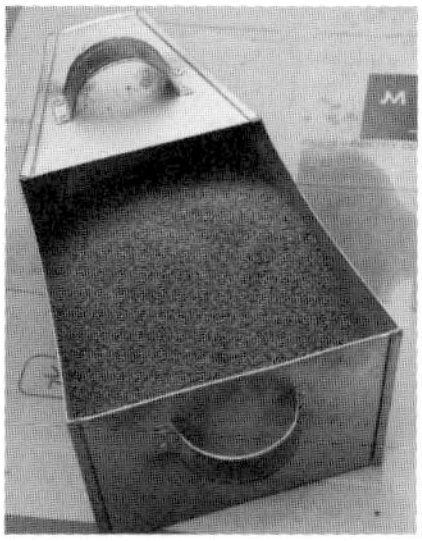
1 バケツの実

2 実を入れる

3 シリンダー上の実を平らにならす

4 シリンダーを戻す

5 スイッチオン

6 じわりと油が出る

7 受け皿で油を濾過

8 コックを開く

9 油量を計量

10 打栓機で瓶に栓をつける

できる分析キットが市販されている（柴田科学）ので、そういったものを利用してチェックすることができます。

α-リノレン酸は酸化しやすいという宿命を持っています。栽培は成功しても乱暴な脱穀法や高温保存、傷をつける洗い方などで酸化したエゴマとなってしまいます。エゴマの味やにおいでチェックできますが、数値でよさを示すことができれば、そのアピール力はより強いものとなります。

酸化数値の評価

酸価数値は一般には0～2、2～3、3～4、4以上のランクがありますが、ランクづけは油脂・油脂食品メーカーの自主基準によっていくぶん異なります。

ちなみに厚生労働省では「油脂及び油脂食品の品質基準」として、指導酸価数値を設定。油菓子・油揚げは3以下（昭和52年11月告示）、弁当・惣菜は2・5以下（昭和54年6月通達）となっています。

私たちが搾っている非加熱で濾過のみの精製のエゴマ油は、かつて専門機関に成分分析を依頼したところ、ほとんどが酸価数値0・2〜0・3を示していました。これは生産者が品質をしっかりと把握し、管理しているからこそ達成できる数字です。

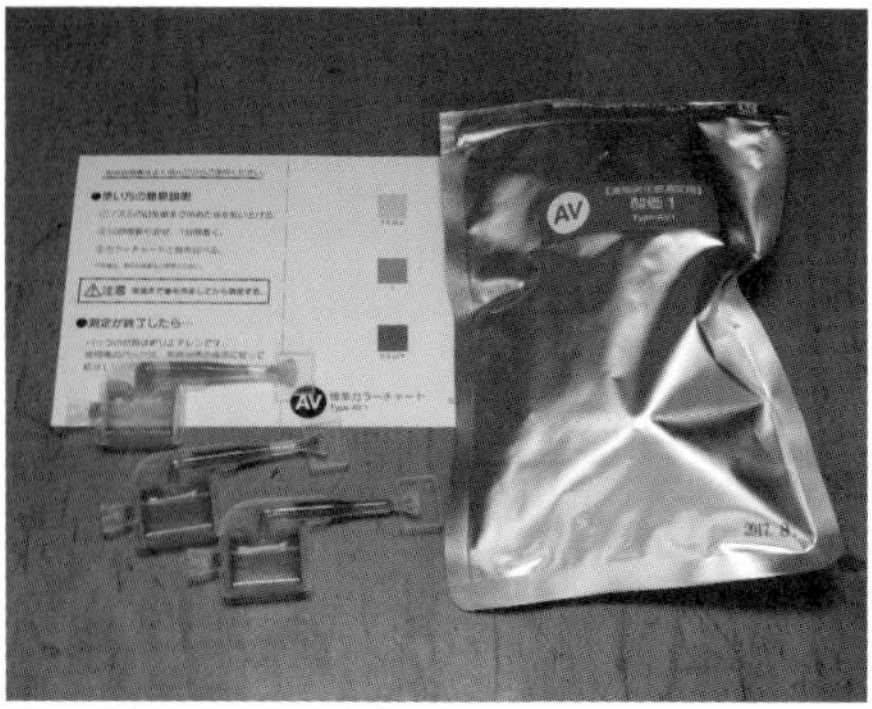

簡易油脂検査キット。検査する油をパックに吸い上げ、カラーチャートに照合するだけで酸価数値を測定

1・5以下を基準の数値に

エゴマの実を食べたときに、あまりおいしくなく、少し苦みを感じたので、酸価を測ってみると黄色（1・5以上）となりました。一般的な評価値から見ると数字上は問題がありませんが、おいしく健康効果の高いエゴマ油の普及こそ、日本エゴマ普及協会の使命なので、1・5以上の劣化した油は健康によくないと考え、販売しないよう、責任と誇りと信用を大切にしています。

賞味期間の目安

非加熱のエゴマ油は瓶詰めのまま未開封で冷暗所に保管しておくと、1年間ほどの賞味期間があります。開封後は空気にふれ、酸化がすすみやすいため、1〜2か月で使いきるようにします。

搾り粕の有効利用

エゴマを搾油すると、搾り粕が残ります。搾り粕もできるだけ利用して、有効に使い切りたいものです。

搾油時間を短くして油が残った粕は、味もよいのでパウダー状の粉にして餅やパン生地、麺生地などに利用しているグループもあります。品質保持のために搾り粕は冷蔵、冷凍保存します。

搾り粕には窒素分が8％程度含まれているので、次の年のエゴマを栽培するときの肥料として利用するとよいでしょう（第2章30頁参照）。

また、家畜の飼料としても利用されており、たとえば採卵鶏用の餌に混ぜて与える（餌の5％ほど）と、通常飼料の卵黄よりもα-リノレン酸が多く、高品質の卵になります。

品質向上と委託搾油の留意点

品質がエゴマ普及の分かれ道

テレビなどのおかげで、今や「エゴマ」というと、健康にいい食材とまでは知らなくても、名前だけは聞いたことがあるといった状況になりました。

ただ、エゴマの第一次、第二次ブームのときと同様に、ブームの影響で販売優先の商いが先行し、ややもすれば健康や地域の幸福のためにエゴマを広げようとした初心の思いや、やさしさを忘れがちになったりしています。気づかずにいると、エゴマの味も品質も悪くなっている場合もあります。

長年搾油業をしていると、年間200件くらいのエゴマを味見します。品質のチェックをして、苦みや臭みを感じると、その年のエゴマの搾油をお断りすることが何度かありました。原因は水洗い後の乾燥が不十分でカビが発生したり、ハウス内で保存中、高温になり酸化してしまったためなどです。

ブームでエゴマを手にとった方が、生産地と搾り手のわかるおいしいエゴマ油に出合い、健康によいと実感されれば、よりエゴマの普及がすすむと思います。そのためにもエゴマからもらう健康効果と幸せが多くの方に届くよう、生産者は品質のよいエゴマを提供してほしいものです。搾油所は、そのチェック機関としての役割と責任を自覚していなければなりません。

品質向上のために、エゴマへの愛情と感謝を大切に精進しながら、エゴマの普及に取り組みましょう。

委託搾油の受付

エゴマやゴマの生産が盛んな韓国では、街中のあちこちに搾油所があり、持ち込んだエゴマをいつでも搾油してもらえるスタイルができあがっています。日本でもエゴマの生産者は増えてきていますが、韓国のように気軽に搾油できる場所はあまりありません。

搾油作業そのものはむずかしいものではありませんが、搾油前の実の見定めが必要です。よいエゴマか判断するためには、搾り手のほうにもそれなりの経験が必要です。

搾油の受委託

そこで日本エゴマ普及協会の全国にある団体や生産者グループ、個人の搾油所では、栽培した方から持ち込まれたり送られたりしてくるエゴマを搾油して、瓶詰めしたものを送り返す「委託搾油」を実1kg当たり５００円程度でおこなっています。

この委託搾油方式によってだれもがマイエゴマオイルを手にすることができるのです。ぜひお問い合わせのうえ、ご利用ください。

求められるのは良品質のエゴマ油

なお、長年搾油をしているところでは、委託搾油で送られてきたエゴマの実の品質や水分量など状態をチェックしてくれるところもあります。私たちの搾油所では、そこから栽培や収穫、脱穀、調製についてのアドバイスをさせていただくこともあります。

たがいに最高の品質のエゴマを生産するために、実践者同士が学び、分かちあうのが日本エゴマ普及協会の発足当初からの信条です。

委託するときの注意点

委託搾油で持ち込む場合は、洗って干した状態で、水分量が10～5％以下になったものを持ち込むようにしてください。

実の食感がカリカリしている状態が水分量７％以下の目安です。酸化、劣化したエゴマは搾油できない場合もあります。ご自身で実をよくかんで味わってみてください。おいしければＯＫです。もし不安を感じたら、念のため、あらかじめ適量の実を搾油委託先に渡し、状態をチェックしてもらうことも考えられます。

全国各地の搾油委託先一覧

委託搾油は、非加熱圧搾（一部、加熱圧搾）の一番搾り、濾過のみの精製でおこなわれています。

参考までに、わかる範囲で全国各地の搾油委託先を紹介します（**表9**）。搾油法、持ち込む原料の状態、最低引き受け量、搾油委託料などの条件については、それぞれの委託先へお問い合わせください。

表9　主なエゴマ搾油委託先

2017年2月現在

搾油所名（代表者）	住　所	連絡先
衣川エゴマの会 鈴木育男	〒029-4332 岩手県奥州市衣川区古戸242-4	TEL 0197-52-3820
丸森町じゅうねん研究会 佐藤岩雄	〒981-2162 宮城県伊具郡丸森町除北48-3	TEL 0224-72-2446
企業組合戸沢村エゴマの会 矢口浩	〒999-6401 山形県最上郡戸沢村古口2932-1	TEL & FAX 0233-72-3614
笹谷搾油所 三浦功二	〒960-0241 福島市笹谷字前三本木27-1	TEL 090-9749-5941
只見農産加工企業組合 藤田力	〒968-0421 福島県南会津郡只見町只見字宮前1331	TEL 0241-82-2387 FAX 0241-82-5002 genkimura.tadami@bz03plala.or.jp
奥会津金山エゴマの会 栗城英二	〒968-0014 福島県大沼郡金山町玉梨字居平586	TEL & FAX 0241-54-2698
茂木エゴマの会 関沢久	〒321-3544 栃木県芳賀郡茂木町坂井491	TEL 0285-63-0527 FAX 0285-63-4915 skzw@luck.ocn.jp
にいがたエゴマの会 大沼俊明	〒959-1913 新潟県阿賀野市沢口57	TEL 0250-62-8312 FAX 0250-62-8313
石坂搾油所 石坂直樹	〒936-0803 富山県滑川市栗山3901	TEL 076-477-1983 FAX 076-477-9060 naoki.ua@dokomo.ne.jp
ささらファーム 古野清人	〒386-1213 長野県上田市古安曽1566-5	TEL 0268-71-0813
駒ヶ根えごま研究会 寺沢肇	〒399-4321 長野県駒ヶ根市東伊那2072-1	TEL 090-2244-7217 FAX 0265-83-5609 kasinomi@cek.ne.jp
阿南エゴマプロジェクト 永田宗則	〒399-1504 長野県下伊那郡阿南町西條1455	TEL 090-4461-0335 norituclub@gmail.com
上松町特産品開発センター利用組合 大橋けい子	〒399-5607 長野県木曽郡上松町大字小川3428	TEL & FAX 0264-52-1505
エリスン塩田館 池田とき子	〒386-1213 長野県上田市古安曽2231	TEL 0268-38-2779 FAX 0268-38-2808

搾油所名（代表者）	住　所	連絡先
長和町活性化施設「蔵」	〒386-0603 長野県小県郡長和町古町4258-9	長和町役場産業振興課 TEL 0268-75-2083 FAX 0268-68-4011
白川エゴマ搾油所 服部晃	〒509-1222 岐阜県加茂郡白川町下佐見1592	TEL＆FAX 0574-76-2725 goenfarm@softbank.ne.jp
吉田ヒデヒト農園 搾油室 吉田英史	〒505-0421 岐阜県加茂郡八百津町福地347	TEL 0574-50-8071 info@yoshidahidehitonouen.com
(農)日吉機械化営農組合 板橋茂晴	〒509-6251 岐阜県瑞浪市日吉町8732-2	TEL 0572-64-2620
遠州エゴマの会 磐田搾油所 鈴木信吾	〒438-0116 静岡県磐田市壱貫地389	TEL 0539-62-4325 ensyuuegoma@out.look.jp
ユリカ株式会社 野口勲	〒514-1257 三重県津市大鳥町435-12	TEL 059-252-1112 FAX 059-252-2486
愛農ネット本部 渡部真砂人	〒518-0221 三重県伊賀市別府692-3	TEL 0595-52-4170 FAX 0595-52-4173 net@ainou.or.jp
川本エゴマの会エゴマの郷 竹下禎彦	〒696-1224 島根県邑智郡川本町三原150 （有機無農薬栽培のみ搾油）	TEL 0855-74-0607
(株)オーサン 島田義仁	〒696-1225 島根県邑智郡川本町南佐木282-1	TEL 0855-74-0616 FAX 0855-74-0618 y-shimada@o-san.co.jp
庄原市農林振興公社 三宅和樹	〒727-0005 広島県庄原市川手町23	TEL＆FAX 0824-72-4065
福富しゃくなげ館 水脇正司	〒739-2302 広島県東広島市福富町下竹仁470-1	TEL 082-435-3533 FAX 082-435-3534
広島神石高原えごま搾油の会 伊勢村文英	〒729-3601 広島県神石郡神石高原町相渡2321-1	TEL 0847-86-0818

第 4 章

実・油・葉などの効果的な食べ方

エゴマ入りの炊き込みごはん

エゴマの利用部位と用途

エゴマは油も実も葉・穂も丸ごと利用できます。利用部位と主な用途を表10で示します。

表10　エゴマの利用部位と用途

利用部位	主な用途
実	和え物、豆腐、みそ、餅、田楽、スムージー、ジュース、炒りエゴマなど。そのまま使用
油	ドレッシング、マリネ、ガーリックオイル、マヨネーズ、パスタ、飲み物に加えるなど。なるべく加熱しない ＊化粧品、燃料（ランプなど）、塗料（工芸品など）、搾油粕は有機質肥料、家畜飼料
葉	漬け物、つくだ煮、サラダ、乾燥してエゴマ茶など
穂・ ＊乾燥枝	つくだ煮など ＊脱穀後の穂や茎は燃材（焚きつけ）、カットして土壌改良材、入浴剤

注：＊印は食用以外の用途例

実と油にα-リノレン酸

エゴマの実や油に多く含まれるα-リノレン酸は血液をサラサラにし、脳や網膜のはたらきを保つための必須脂肪酸であるばかりでなく、リノール酸の摂りすぎによる弊害を改善するはたらきがあります。

一方でα-リノレン酸が摂れる植物油はエゴマ油やシソ油、亜麻仁油などですが、私たちの食生活では大変不足しています。これまでの食用油をエゴマ油に替えて、健康的な食生活をめざしてください。

α-リノレン酸を摂るのには油が効率的ですが、もちろん搾る前のエゴマの実にもα-リノレン酸は多く含まれていますので、実をそのまま食べることもおすすめします。タンパク質、カルシウムや鉄分などのミネラルや、食物繊維なども得られるからです。

エゴマの実や油を利用するときは、α-リノレン酸の効能を生かすためにも、なるべく熱を加えずに利用しましょう。

葉にはカロテンが豊富

エゴマの葉にも、実や油にはおよばないもののα-リノレン酸が含まれています。また、ビタミン類やβカロテンも豊富に含んでおり、栄養的にすぐれた健康野菜として利用できます。

シソ科の仲間であるエゴマの葉には、ペリラアルデヒドやリモネンといったシソ特有の香り成分が含まれており、殺菌作用があるといわれています。

日本ではあまり利用されることが

ありませんが、韓国では包み葉として生食や漬け物などに使う野菜としてポピュラーです。フレッシュ野菜としてサラダに加えたり、醤油漬けやつくだ煮などにします。

葉を乾燥させたお茶で健康が向上した事例もあります。

信頼できる生産者から入手を

圧搾一番搾りで搾り、α-リノレン酸やリン脂質やポリフェノールがたっぷり含まれているエゴマ油は、黄金色をしています。

葉も栄養的にすぐれた健康野菜

透明のエゴマ油が販売されていますが、こういったエゴマ油は搾油後に化学的処理による精製によって、天然のにおいや色素、ガム質（油に含まれているリン脂質やポリフェノール等の天然の抗酸化物質や粘質物などの総称）なども取り除かれているため、保存のためにビタミンCなどが添加されています。搾油時には加熱されているようです。
また、圧搾一番搾りのエゴマ油でも酸化して苦みがあるようなものがあるので、注意が必要です。エゴマの実も、食べてみて苦みがあるようなものは、すでに酸化しています。体にはよくありません。
エゴマ油やエゴマの実を入手する場合は、できるだけ信頼できる（顔の見える）生産者や生産地から購入するようにしましょう。

自分で楽しく調理しよう

近年の健康志向からエゴマが注目されるようになり、エゴマを使った加工品も多く目にするようになってきました。しかし残念ながら、せっかくのエゴマの効能をだいなしにしてしまっているものも見受けられます。

たとえばエゴマのクッキーは、加熱されてエゴマのα-リノレン酸が酸化しやすくなっているだけでなく、生地に他の植物油（リノール酸）がたっぷり使われています。これでは、せっかくのエゴマの効能が期待できません。

生産者の方はもちろん、購入した方も、自分で調理してエゴマの効能をじゅうぶんに堪能してください。

有効成分を生かしきるために

レシピ紹介にあたって

ここで紹介するレシピは、つくり手の思いが伝わるように、自然からかけ離れた素材はなるべく使わず、有効成分を生かしきることを基本にしています。

砂糖を使っていません

リノール酸系の油脂の過剰摂取やトランス脂肪酸が多くの生活習慣病を引き起こしているように、白砂糖など精製糖の日常的摂取も、私たちの健康を損ねています。サラダにフルーツを加えるなどして、なるべく自然の甘みをいただくように工夫しています。

牛乳や乳製品を使っていません

牛乳や乳製品には、多くのオメガ9系脂肪酸が含まれています。オメガ9系は必須脂肪酸ではなく、過剰に摂取すると乳がんや前立腺がんの要因になるという報告もあります。

牛乳や乳製品をできるだけ使わないようにしたいものです。

揚げ物・炒め物への対応

よく、「揚げ物にはどんな油を使うの?」という質問を受けます。

揚げ物調理は日常的には、なるべくしないほうがよいと考えています。ただでさえリノール酸は過剰摂取となっていますし、油を200℃以上に加熱してしまうと、トランス脂肪酸などの有害物質を発生させてしまいます。

生搾りのエゴマ油は、揚げ物や炒め物にも使用できますが、使ったら、すべて使いきるよう小量にします。加熱しないで利用してもらいたいと思います。そろそろ揚げ物文化を卒業し、身体に効用をもたらすエゴマの生油づかいの食文化をつくっていきましょう。

山菜の時期など、どうしても揚げ物がしたい場合は、小さな鍋にエゴマ油を1cmほど入れ、煙が出るほど高温にしないように注意しながら、揚げ焼きにしてください。炒め物をする場合も、熱の入れすぎに注意しましょう。

水分を油の代わりに使い、蒸して味つけをしましょう。火が通ってからエゴマ油をまわしかけて炒め感を出します。

エゴマの実の食べ方・生かし方

エゴマのα-リノレン酸を効率よく摂るには生搾りで搾油した油がいちばんですが、油を直接摂るということに抵抗がある人もいるでしょう。また、少量しかエゴマの実が手に入らず、搾油するのは大変、という人もいるはずです。

実もα-リノレン酸を多く含む

エゴマには前述したように、実そのものにα-リノレン酸がたっぷりと含まれており、10g（大さじに大盛りくらい）で1日のオメガ3系脂肪酸の必須量が摂れます。それに加えてカルシウムや鉄分、食物繊維、ポリフェノールなどの抗酸化物質、さらにタンパク質が含まれ、きわめて栄養価の高い食材です。ゴマとは違って実の皮はやわらかいので、実をそのまま、またはすって食べてください（20頁参照）。

できるだけ加熱しないで食べましょう。品質の見分け方は食べてみて苦みがあるものは劣化、酸化しているので注意します。

そのまま食べる

よく乾燥したものは、ナッツ感覚で、そのままポリポリと食べます。エゴマの味は、たとえ同じ黒種であっても品種や畑によって千差万別。それぞれの個性を楽しんでみてください。

すって何にでもかける

生のまますったものを、すりゴマ感覚で何にでもかけて食べることができます。

冷や奴や湯豆腐、冷や麦やそうめんの薬味としてもおすすめです。半ずりにして醤油をかけ、ごはんにかけるだけでも究極のおいしさになるのです。ラーメンの上にトウガラシ粉とすったエゴマをたくさんかければ担々麺風になります。

韓国では、老人向けの滋養食として、すったエゴマを入れてカボチャ粥などのお粥にして食べます。

エゴマ豆腐

日本エゴマ普及協会の研究会などがあると、エゴマ豆腐はかならずといってよいほどみんなで食べる定番料理です。
　精進料理のゴマ豆腐は、もともとはエゴマ豆腐だったのではないかという説もあります。つくり方はゴマ豆腐と一緒です。

エゴマ豆腐

材料
エゴマの実・本クズ・水（1：1：5の割合）、塩少々

つくり方
❶本クズに水を加え、溶かしておく
❷エゴマの実をすり鉢ですり、ねっとりとしてきたら少しずつ水を加えて伸ばすようにさらにする
❸①と②を合わせて鍋に入れ、中火で温め、5分ほど木のへらで鍋底が焦げつかないようにしながら混ぜる
❹固まって透明感が出てきたら、水をくぐらせた型に入れて上面を平らにならし、ラップをかけてさらにならす
❺冷めたら型のまわりに包丁を入れ、平らな皿の上にひっくり返し、切り分けて、ワサビ醤油等を添えてできあがり

メモ
水の代わりに昆布だしを使うと、よりコクが出ます。また、ハチミツなどを加えて甘い味にすれば、ババロア風スイーツになります。

エゴマみそ

エゴマみそは、実をすりつぶしてみそと混ぜたもの。福島県会津地方の伝統的な保存食で、地元ではジュウネンみそと呼ばれ、日常的に親しまれています。

材料
エゴマの実2分の1カップ、みそ4分の1カップ、ハチミツ4分の1カップ、酒適量

つくり方
❶エゴマの実をすり鉢ですりつぶ

スムージーをつくる

エゴマみそ

1 材料を入れる

2 ミキシング

す（ホウロクでから炒りしてからすりつぶしてもよい）

❷みそを加えてよくする

❸ハチミツ、酒を加えてまんべんなくすり混ぜる

メモ

甘さは好みで加減します。おかずみそ、田楽みそなどとして楽しむことができます。

スムージー

オメガ3系の野菜とフルーツでつくるスムージー。よく黄粉やゴマを入れますが、それと同じ感覚でエゴマを入れます。甘みとしてフルーツを加えています。

3 スムージーのできあがり

材料

リーフレタス3枚、リンゴ1個、ミカン1個、エゴマの実小さじ2杯、水2分の1カップ

つくり方

❶材料が混ざりやすいように、適当な大きさに切っておく

❷ミカン、リンゴ、野菜、エゴマ、水の順にミキサーに入れ、よく攪拌する

メモ

紹介したレシピは秋から冬のバージョンですが、夏ならば、果物はブルーベリーやスイカ、メロンなどを、野菜はエゴマの葉やエンサイ、オクラなどを入れてもおいしいです。

炒りエゴマ

エゴマを炒ると、香ばしさが増して、生とはまた違ったおいしさになります。

つくり方

❶エゴマはゴマと違って皮が薄くやわらかいので、中火でゆっくりと炒る。2~3粒がパチパチとはねだしたら、手で実を持ち、熱くて3秒ほどで持てなくなったら、炒りあがり

❷紙の上に広げて、冷ましてから使う

エゴマすり

すりこ木でエゴマをする

粗びきの状態

ねり状にする

メモ

炒ったエゴマは、すり加減を変えることで、いろいろなバリエーションに使えます。

粗くすったものはおはぎやふりかけ、炊き込みごはん（えめし）に。サラサラする程度にすったものは、冷や麦のタレや和え物にしたり、鍋に加えたりします。油がにじんでねっとりするくらいすったものは、水やだしでのばしてエゴマ豆腐やペースト状のソースとして生かします。みそと合わせておくと保存もきく常備食になります。

インゲンのエゴマ和え

保存方法

エゴマの実は4月以降は暖かくなり、虫の発生が起きます。実は冷蔵、もしくは冷凍保存。多めにすったもの、つくったものは瓶などの容器に入れ、冷蔵庫に保存しながら使います。

エゴマ油の効果的な摂り方

エゴマ油の魅力は、なんといってもα－リノレン酸がたっぷりと含まれていること。エゴマ油小さじ1以上で大人の1日のオメガ3系必須量が摂れます。まだ消化力の弱い小さな子どもは、多く摂りすぎると下痢をすることがあります。子どもには分量を加減してください。

圧搾一番搾りのエゴマ油は生で使うのが基本

圧搾一番搾りのエゴマ油であれば揚げ油、炒め油にも使用できますが、α－リノレン酸は酸化しやすい脂肪酸です。なるべく生のまま加熱せずに摂りましょう。

食卓に置き、何にでもかける

ごはんはもちろん、納豆や卵焼き、冷や奴など、その日の食卓に出たもの何にでも、エゴマ油をかけると、毎日おいしくエゴマ油を摂取できます。

ダイコンやニンジン、コマツナなどの冬野菜、ワカメなどの海藻類もオメガ3系が多く含まれている食材です。これらを生のまま、あるいは浅漬けなどにして、エゴマ油をかけて食べると、相乗効果が期待できます。

飲み物に入れても

毎日のみそ汁はもちろん、コーヒーや紅茶、緑茶、ニンジンジュースやスムージーなどの飲み物にエゴマ油を少し加えると、味がまろやかになります。

好みにもよりますが、ワインや日本酒などのお酒に加えても、まろやかさがプラスされます。

大根おろしにエゴマ油も

徘徊までしていた認知症の女性が、大根おろしにエゴマ油と酢をプラスする食べ方がとてもおいしかったので毎日食べていたら、洋服を着てガレージのお掃除、留守番までで

大根おろしにエゴマ油をプラス

エゴマドレッシングと野菜サラダ

きるようになったという事例があります。また、同じ食べ方をしたうつ病の女性も落ち込むことが少なくなり、自信をもってはたらけるようになったそうです。

このようなα－リノレン酸の絶大な効果をもたらすナンバーワンのおすすめ簡単レシピです。

材料

大根おろし（洗って皮ごとおろし、水分もいただく）、酢と醤油を適量、エゴマ油小さじ1以上

つくり方

大根おろしに酢と醤油とエゴマ油をかける

メモ

大根おろしにもオメガ3系脂肪酸が多く含まれ、エゴマ油と合わせて食べると相乗効果を得られます。

酢と油はとても相性がよく、よい酢と油を使えば、健康効果も高くなります。酢は、米が原料のものが一般的です。リンゴ酢など果実酢もよいでしょう。ウメ、カキなどを材料にして自家製もできます。

エゴマドレッシング

エゴマドレッシングは、いちばんシンプルで応用のきく食べ方です。

基本となるのは、エゴマ塩ドレッシング。ボウルのエゴマ油に同量の酢を加え、塩、コショウを少々ふって混ぜてつくります。これを新鮮な野菜にかけたり混ぜたりするだけで、フレッシュ野菜サラダのできあがりとなります。

バリエーションとして塩、コショウの代わりに醤油適量を加えるエゴマ醤油ドレッシング、ねり梅（または梅肉を裏ごししたもの）適量を加

えるエゴマ梅ドレッシング、さらにエゴマみそを加えるエゴマみそドレッシングなどができます。
　ドレッシングは、なるべく必要なときに必要な量をつくって使うようにします。つくり置きする場合は酸化を避けるため、瓶に保存して冷蔵庫に入れ、早めに使い切ります。

エゴマ油の野菜マリネ

エゴマ油の野菜マリネ

　ドレッシングをつくってサラダにかけてもよいのですが、しっかりとあえてマリネにしたほうが、味がなじんでおいしく食べられます。

材料

　エゴマ油小さじ3、醤油小さじ1・5、レモン汁（半個を搾ったもの）、パプリカ（赤・黄）1個ずつ、ズッキーニ半分、キュウリ1本、サニーレタス、カキ半個

エゴマ油の中華風青菜マリネ

つくり方

❶野菜を食べやすい大きさに切る
❷ボウルにエゴマ油と醤油、レモン汁を加えて混ぜる
❸②に味のしみこみにくいかたい野菜から入れて混ぜ合わせる

メモ

　ここでは果物のカキを加えてみましたが、野菜だけでなく、リンゴやキウイフルーツなどの果物を加えると甘みも加わり、味も広がります。

エゴマ油の中華風青菜マリネ

　エゴマ油マリネのバリエーションです。青菜や海藻はオメガ3系を多く含んでおり、エゴマ油と合わせて食べるのにおすすめです。

材料

　エゴマ油小さじ3、醤油小さじ1・5、ニンニク（みじん切りかす

りおろしたもの）小さじ1、塩（少々）、エンサイ1パック、塩蔵ワカメ3枚

つくり方

❶ニンニクをみじん切り、またはすりおろし、エゴマ油、醤油、塩と合わせる

❷エンサイ、塩を抜いたワカメを食べやすい大きさに切り、①と混ぜ合わせる

メモ

お好みで、ショウガやサンショウ、トウガラシなどを使うと味のバリエーションが広がります。

ニンニク入りエゴマ油

トウガラシ入りエゴマ油

ニンニク入りエゴマ油

エゴマ油にニンニクの風味をつければ、洋風のメニューにも合うオイルになります。サラダや麺類にといろいろ使えます。

材料

エゴマ油、ニンニク、トウガラシ

つくり方

エゴマ油に、刻んだニンニクとトウガラシを漬け込む

エゴマ油をお肌に

エゴマ油を化粧落とし用のクレンジングオイルとして使います。オイル適量を手に取り、顔全体に薄く伸ばし、コットンやティッシュでふき、洗顔します。次の日の朝、お肌がプリプリになっています。肌の表面にオイルを残すのは酸化するのでよくないかもしれませんが、お肌への浸透力は抜群です。

冬には足裏に塗っておくと乾燥しにくく過ごせます。

賞味期間と保存方法

一般に非加熱のエゴマ油の場合、搾油して1年を賞味期間としています。保存は、冷蔵庫、もしくは冷凍庫で、封をあけて使い始めたら冷蔵保存しながら早めに使いきりましょう。

エゴマの葉と穂の食べ方・生かし方

エゴマの葉は韓国では、焼き肉を葉で包んだり、キムチ漬けなどにしたりしてポピュラーに食べられています。ビタミン類やβカロテンを豊富に含んだ栄養豊かな野菜です。α－リノレン酸もわずかに含まれています。

摘みたての葉を思い思いに調理する

独特の香りは好みが分かれるかもしれませんが、すでに日本でも農産物直売所や一部のスーパーマーケットなどに出回るようになっています。食べ方はバラエティに富んでおり、一度食べてみて妙味を知ったらクセになること請け合いです。フレッシュな葉は刻んで薬味にしたり、のり巻（ごはんはエゴマ油と塩味）の具に入れます。

おかずを葉にのせて丸めて食べたり、餃子の皮替わりに具を包み、両面に小麦粉、溶き卵をつけてエゴマ油をひいて焼きます。子どもたちもとても喜ぶ一品です。

葉を摘心すると一度にたくさん手に入ります。フレッシュサラダやお茶にするだけでなく、ナムルや漬け物など、多くの料理で利用していきましょう。

エゴマの葉のナムル

韓国エゴマ研修旅行で教わった料理です。

材料

エゴマの葉約100枚、ニンジン3分の1本、刻んだニンニク入りエゴマ油大さじ2、塩少々、水大さじ1

つくり方

❶洗ったエゴマの葉をさっと湯通しして、食べやすい大きさに刻む

❷ニンジンは細切りにしておく

❸フライパンに水と②を入れて中火で炒める

❹しんなりしてきたら①とニンニク入りエゴマ油、塩を入れ、炒め混ぜる

エゴマの葉のチジミ

エゴマの葉をメインにした、韓国

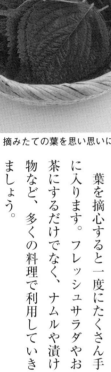

料理で定番のチジミです。

材料

小麦粉（または米粉）１００g、水１００g、具１００g（エゴマの葉15枚、ニンジン半本、タマネギ半個）、全卵1個、炒め油（エゴマ油）少々、タレ（醤油と酢）

エゴマの葉のチジミ

つくり方

❶具は生地と混ざりやすいように千切りにする

❷ボウルに材料をすべて入れて混ぜ合わす

❸フライパンに油を入れ、中火にかけて生地を流し入れる

❹何度かひっくり返しながら、両面がこんがりとした焼き色がつくまで焼く

メモ

お好み焼きの具材にしたり、みそ汁に入れたりもします。

エゴマの葉の漬け物

ジッパーつきのポリ袋に、塩や醤油と一緒に入れて漬けておくだけの簡単漬け物です。醤油漬け、キムチはそのままごはんを包んで食べることもできます。

醤油漬けの分量の目安

エゴマの葉20枚くらいに醤油大さじ2

塩漬けの分量の目安

エゴマの葉20枚ほどに自然塩５g

キムチの分量の目安

エゴマの葉１００枚くらいにコチュジャン小さじ4、みりん大さじ2、すりおろしニンニク1かけ、すりお

エゴマの葉の漬け物

エゴマの葉の醤油漬け

エゴマの葉の塩漬け。塩抜き後、刻んだりして料理に生かす

エゴマの葉のキムチ

ろしショウガ20g、醤油大さじ7

エゴマの葉のお茶

摘心で摘んだ葉などは、捨てたりせず、天日で乾燥させてお茶にしましょう。煎じると、独特の香りがするハーブティーになります。このハーブティーを毎日飲んで認知症に効果があった事例もあります。

エゴマの葉のつくだ煮

摘心で摘んだ大量の葉は、つくだ煮にして保存します。

エゴマ茶と茶葉

材料

エゴマの葉約150枚、醤油大さじ2、みりん大さじ1、酒大さじ1、水適量

つくり方

❶葉を食べやすい大きさに切る

❷鍋に水を入れ、葉を混ぜながら中火でゆっくりと煮る

❸しんなりしてきたら、調味料をすべて入れ、弱火で煮詰める

エゴマの穂のつくだ煮

エゴマの穂のつくだ煮

エゴマは葉だけでなく、花穂も食べられます。花が終わり、まだ実が白色のころの花穂は、やわらかくておいしく食べられます。葉ほどのクセもありません。ごはんのお供にピッタリです。

材料

エゴマの花穂30本、醤油大さじ2、みりん大さじ1、酒大さじ1、水適量

つくり方

❶花穂を手でほぐし、バラバラにして洗って水を切る

❷鍋に水と①を入れ、混ぜながら中火でゆっくりと火を通す

❸しんなりしてきたら、調味料をすべて入れて、弱火で煮詰める

メモ

お好みでショウガやトウガラシを加えてもよいです。

つけ根から多くの分枝が発生

あとがき

かつて日本エゴマの会の全国サミットに参加し、食用油と健康についての話をうかがったとき、わが耳を疑ったことを今でも忘れません。

「食用油の選択、使い方をまちがえたままだとリノール酸を摂りすぎてしまい、生活習慣病や難病にかかりやすいのです」「α－リノレン酸を多く含むエゴマ油こそ、リノール酸の摂りすぎによる弊害を抑え、現代人の病気を予防する健康食材なのです」

１９８６年より名古屋から岐阜県白川町の山間地に移住。無農薬・無化学肥料による有機農業に取り組んで15年ほど経ったころ、それまで自給用にエゴマを栽培していたものの、そのエゴマに驚くべき成分、効用があることを知るようになったのです。

食用油脂研究の第一人者である奥山治美先生（現、名古屋市立大学名誉教授、日本脂質栄養学会初代会長）は、日ごろから食用油と健康の関係をわかりやすく解説。「油の栄養効果は、脂肪酸組成（比率）と微量成分で評価されます。高リノール酸油は生活習慣病などを発症、促進し、α－リノレン酸の多いエゴマ油、シソ油、亜麻仁油はそれを抑制するはたらきをします」。エゴマの成分、効用についてはときおり新聞、雑誌などで紹介され、話題を呼びおこすことがあります。しかし、ブームは一過性のもので、やがて下火となる運命。かならずしも需要が喚起され続けるわけではありません。

丹精こめて栽培したエゴマを収穫し、脱穀・調製。さらに一番搾りで濾過のみによる精製をした安全・安心な高品質のエゴマ油……普及の必要性をより強く感じたとき、原点として日本エゴマの会を創設した村上周平氏の次の言葉に立ち返ることにしています。

よく乾燥させた穂と茎

日本全土にエゴマの高貴な香りがただよい、白い花が咲き、油や葉、実を食してみんなが健康になり、膨大な医療費が不要になりますように。そして、この小さな一粒一粒のエゴマの種子が二一世紀を救うことを強く期待して。

さて本書をまとめるにあたり、エゴマの栽培・搾油面などで各方面に目から鱗のていねいな指導をし、エゴマ見直しの気運を高めた村上周平氏、エゴマ料理を発掘、創案してくれた村上みよ子氏に謝意を表します。お二方の業績の一端は、日本エゴマの会編『エゴマ～つくり方・生かし方～』『よく効くエゴマ料理』（ともに創森社）に著されています。

また、先述のエゴマ油と健康についての科学的知見をご教示いただいた奥山治美氏、さらに日本エゴマの会の二代目会長としてニュースレター「エゴマだより」を発行してきた村上守行氏（現、愛農学園農業高等学校教頭）の功績に敬意を表します。なお、アンケートなどにもご協力いただいた日本エゴマ普及協会のみなさん、全国サミットなど開催時の関係自治体・各組織の方々、搾油機など各種機器・資材のメーカー・取り扱い先のみなさん、取材・写真協力者や撮影・編集関係の方々にも御礼申しあげます。また、日ごろよりエゴマ栽培を応援してくれている白川町の皆様にも感謝申しあげます。

最後になりますが、私にエゴマのおいしさと栽培を教えてくれた亡父森藤高夫、エゴマの普及活動を支えてくれるパートナーの晃と子どもたちに本書を捧げます。

著者

マの会のネットワークを引き継ぐ。田村市でエゴマによる除染プロジェクトが始まる。

2012年（平成24年）	日本エゴマの会会長を服部圭子が引き継ぎ、事務局を岐阜県に移す。
2013年（平成25年）	第11回日本エゴマ全国サミットを福島県田村市で開催。原発事故被災地の見学会同時開催。 エゴマの健康効果のテレビ放映が多く、第3次エゴマブームとなる。
2015年（平成27年）	第12回日本エゴマ全国サミット研究大会を愛知県名古屋市で開催。
2017年（平成29年）	日本エゴマの会を日本エゴマ普及協会に改称（1月）。会員が50か所以上の地域で栽培、普及活動をおこなっている。

白川エゴマ搾油所

◆日本エゴマ普及協会の取り組み

全国各地で自治体や地元組織・団体などとタイアップして、エゴマの栽培・搾油振興のために日本エゴマ全国サミットを開催したり、視察研修などをおこなったりしています。だれでもどこでもエゴマを自給、供給していくために技術をたがいに学び合い、教え合い、出し惜しみせず、ともに前進するために交流しています。

日本津々浦々に、1人1aエゴマ油自給と健康な食生活を広げるために会を発足させた村上周平氏による活動の趣旨は、現在に受け継がれています。

- 無農薬・無化学肥料のエゴマ栽培をすすめます
- 自分の健康増進をとおして健康な食生活を学び、実践します
- 搾油は圧搾一番搾り、生搾り（コールドプレス）、焙煎搾りの研究をすすめます
- 地域自給、地産地消をめざします
- 有機農業、健康な食生活などへの理解が得られるように伝道の役目を意識しながら販売、普及していきます
- たがいを思いやり、学び合い、知恵をわかち合い、健康で平和な個人、地域づくりに貢献します

◆日本エゴマの会＆日本エゴマ普及協会の歩み

（一部、敬称略）

1997年（平成9年）	福島県船引町（現、田村市）の村上周平により、韓国の友人厳泰成氏の村でエゴマ油が自給されているのを知り、農家自給型搾油機械を輸入し、エゴマ油の自給に取り組む。 村上周平が、船引町有機農業研究会を中心に日本エゴマの会を発足させる。
1999年（平成11年）	第1回日本エゴマ全国サミットを船引町で開催。秋田県から鹿児島県までの参加者230名。秋山豊寛氏と奥山治美氏講演。
2000年（平成12年）	日本エゴマの会編『エゴマ～つくり方・生かし方～』（創森社）出版。
2001年（平成13年）	第2回日本エゴマ全国サミットを船引町で開催。 日本エゴマの会編『よく効くエゴマ料理』（創森社）の出版がエゴマ普及の一助となる。
2002年（平成14年）	第3回日本エゴマ全国サミット開催（三重県の愛農学園農業高等学校にて）を皮切りに全国各地のエゴマの会でも搾油所を設置し、地域自給と販売活動が始まる。 第1回韓国エゴマ研修旅行を実施。堤川市（搾油機工場、搾油所見学とエゴマ自給村の栽培・料理の視察、交流参加者20名）を厳泰成氏の案内でまわる。 小冊子「韓国エゴマ村見聞録」服部圭子編（日本エゴマの会）発行。
2003年（平成15年）	第4回日本エゴマ全国サミットを広島県福富町で開催。 第2回韓国エゴマ研修旅行を実施。
2004年（平成16年）	第5回日本エゴマ全国サミットを岐阜県下呂市、白川町で開催。生搾りの推奨。プンジン社の参加。 日本エゴマの会会長村上周平逝去（1923～2004年）。会長を村上守行が引き継ぐ。
2005年（平成17年）	第6回日本エゴマ全国サミットを岩手県衣川村（現、奥州市）で開催。 小冊子「畑の魚　エゴマをつくろう」（衣川エゴマの会）発行。
2006年（平成18年）	第7回日本エゴマ全国サミットを宮城県丸森町で開催。 広報誌「エゴマだより」（日本エゴマの会）発行（2006～2008年）。
2007年（平成19年）	第8回日本エゴマ全国サミットを広島県庄原市で開催。
2009年（平成21年）	第9回日本エゴマ全国サミットを島根県川本町で開催。
2011年（平成23年）	第10回日本エゴマ全国サミット生産者研究集会を三重県の愛農学園農業高等学校で開催。 東日本大震災、原発事故被災のため福島県船引町の事務局を三重県に移動。（一社）日本エゴマの会・ふくしまが、東北のエゴ

◆主な参考・引用文献

『本当は危ない植物油』奥山治美著　角川書店
『油の正しい選び方・摂り方』奥山治美著　農文協
『美しい食べものが美しい人をつくる』高野志保著　あさ出版
『乳がんと牛乳』佐藤章夫訳　ジェイン・プラント著　径書房
『危険な油が病気を起こしてる』今村光一訳・解説　J・フィネガン著　中央アート出版社
『医者も知らない亜麻仁油パワー』今村光一訳　D・ラディン&C・フェリックス著　中央アート出版社
『ゲルソン療法～がんと慢性病のための食事療法～』氏家京子訳　S・ゲルソン著　地湧社
『エゴマ～油の道～』中村重夫編　ペリラ研究所
『誤解されすぎた「油」の常識』氏家京子著　あした研究会
『ガンと闘う医師のゲルソン療法』星野仁彦著　マキノ出版
『食卓が危ない!!　あなたの「油選び」は間違っている！』奥山治美著　ハート出版
『新特産シリーズ　雑穀』及川一也著　農文協
『雑穀～つくり方・生かし方～』ライフシード・ネットワーク編　創森社
『エゴマオイルで30歳若返る』南雲吉則著　河出書房新社
『エゴマオイルで30歳若返るレシピ』南雲吉則監修　河出書房新社
『エゴマ～つくり方・生かし方～』日本エゴマの会編　創森社
『よく効くエゴマ料理』日本エゴマの会編　創森社
『新特産シリーズ　エゴマ』農文協編　農文協
「エゴマで健康生活」農業共済新聞（2007年11月～2008年5月に12回掲載）村上守行執筆
「ニュースレター　エゴマだより」2006年～2008年　日本エゴマの会
「韓国エゴマ村見聞録」服部圭子編　日本エゴマの会
「畑の魚　エゴマをつくろう」衣川エゴマの会
「土と健康」2016年7、8・9、10・11月号　日本有機農業研究会

種の取り扱い、入手先など

日本エゴマ普及協会
〒509-1222　岐阜県加茂郡白川町下佐見1592　☎&FAX 0574-76-2725
https://egomajapan.com

NPO法人日本有機農業研究会
〒162-0812　東京都新宿区西五軒町4-10　植木ビル502

中原採種場
〒812-0893　福岡市博多区那珂5-9-25
☎092-591-0310　FAX 092-574-4266

野口のタネ・野口種苗研究所
〒357-0067　埼玉県飯能市小瀬戸192-1
☎042-972-2478　FAX 042-972-7701

〒875-0211　大分県臼杵市野津町大字都原1014　☎&FAX 0974-32-3196

エゴマ関連機器メーカー

プンジン社（韓国釜山広域市）
問い合わせ先 日本エゴマ普及協会
〒509-1222　岐阜県加茂郡白川町下佐見1592　☎&FAX 0574-76-2725
＊韓国の食品機械メーカー。搾油機など

株式会社　サン精機
〒758-0024　山口県萩市東浜崎町11-10
☎0838-22-7677　FAX 0838-25-9670
＊小型から大型までの各種搾油機

有限会社　石野製作所
〒747-0341　山口市徳地引谷23
☎0835-56-0210　FAX 0835-56-1567
＊家庭用搾油機

株式会社　ケツト科学研究所
〒143-8507　東京都大田区南馬込1-8-1　☎03-3776-1111　FAX 03-3772-3001
＊エゴマ対応水分計

株式会社　阪中緑化資材
〒649-6124　和歌山県紀の川市桃山町市場269-1　☎0736-66-2201
FAX 0736-66-2172
＊播種器、穴押し器

株式会社　向井工業
〒581-0842　大阪府八尾市福万寺町4-19
☎072-999-2222㈹　FAX 072-999-9723
＊「ごんべえ」などの手押し式播種機

みのる産業株式会社
〒709-0892　岡山県赤磐市下市447
☎086-955-1123　FAX 086-955-5520
＊「なかよしくん」など苗の手動式移植機

サカタのタネ
〒224-0041　神奈川県横浜市都筑区仲町台2-7-1　☎045-945-8800㈹
＊播種機など

株式会社　斎藤農機製作所
〒998-0832　山形県酒田市両羽町32
☎0234-23-1511㈹　FAX 0234-26-4161
＊脱穀機など

協和工業株式会社
〒947-0024　新潟県小千谷市船岡2-5-19　☎0258-83-3650　FAX 0258-82-7270
＊エゴマ・菜種用異物選別機など

オギハラ工業株式会社
〒943-0122　新潟県上越市新保古新田639　☎025-525-3505　FAX 025-522-2285
＊唐箕など

柴田科学株式会社
〒340-0005　埼玉県草加市中根1-1-62
☎048-931-0561　FAX 048-931-0567
＊過酸化物価測定機器など

飛系えごま出荷組合
〒509-4292　岐阜県飛騨市古川町本町2-22　西庁舎　飛騨市役所農林課気付
☎0577-73-7466

ファンファーミング（田口心平）
〒508-0421　岐阜県中津川市加子母1361-24　☎090-7302-3764

吉田ヒデヒト農園（吉田英史）
〒505-0421　岐阜県加茂郡八百津町福地347　☎0574-50-8071

遠州エゴマの会（鈴木信吾）
〒438-0116　静岡県磐田市壱貫地389
☎0539-62-4325

設楽町エゴマ研究会（金田勉）
〒441-2301　愛知県北設楽郡設楽町田口字辻前14　設楽町役場産業課
☎0536-62-0511

愛農ネット本部（渡部真砂人）
〒518-0221　三重県伊賀市別府692-3
☎0595-52-4170

ユリカ株式会社（野口勲）
〒514-1257　三重県津市大鳥町435-12
☎059-252-1112

JA多気郡奥伊勢えごま倶楽部
（辻川トシ子）
〒519-2427　三重県多気郡大台町上楠221-1　JA多気郡奥伊勢シルバーセンター内　☎0598-83-2614

滋賀エゴマの会（荒木忠高）
〒529-0531　滋賀県長浜市余呉町中河内373　☎0749-21-4056

大山崎えごまクラブ（永田正明）
〒618-0091　京都府音訓郡大山崎町円明寺西法寺1-18　FAX 075-957-3094

奥出雲エゴマの会（内田勇）
〒699-1621　島根県仁多郡奥出雲町上阿井2154-4　☎0854-56-0076

川本エゴマの会（釜田雄二）
〒696-1224　島根県邑智郡川本町三原515　☎0855-74-0333

株式会社オーサン（島田義仁）
〒696-1225　島根県邑智郡川本町南佐木282-1　☎0855-74-0616

美咲農事研究会エゴマ栽培実践隊
（山口嗣夫）
〒709-3707　岡山県久米郡美咲町打穴西4 5　☎0868-66-2370

庄原市エゴマ生産普及協議会（入江幸弘）
〒729-5813　広島県庄原市川西町1656
☎0824-72-4065

福富エゴマ会
〒739-2302　広島県東広島市福富町下竹仁470-1　福富しゃくなげ館内
☎082-435-3533

広島神石高原えごま搾油の会
（伊勢村文英）
〒729-3601　広島県神石郡神石高原町相渡2321-1　☎0847-86-0818

都松地区振興協議会（大戸雄治）

東海村えごま生産研究所（村上孝）
〒319-1102　茨城県那珂郡東海村石神内宿835　☎029-282-9104

茂木エゴマの会（関沢久）
〒321-3544　栃木県芳賀郡茂木町坂井491　☎0285-63-0527

サクシード（松島敏夫）
〒376-0305　群馬県みどり市東町小夜戸232　☎0277-97-3416

有限会社モリシゲ物産（荏胡麻屋）
〒331-0804 埼玉県さいたま市土呂町2-29-2 ☎048-667-6176

魚沼エゴマの会（清塚正伸）
〒946-0021　新潟県魚沼市佐梨1048-8 ☎0257-94-0908

にいがたエゴマの会（大沼俊明）
〒959-1913　新潟県阿賀野市沢口57 ☎0250-62-8312

川上農園（川上政行）
〒959-1756　新潟県五泉市刈羽丙714 ☎0250-25-7220

農事組合法人　水土里（石坂直樹）
〒936-0803　富山県滑川市栗山3901 ☎076-477-1983

三国エゴマの会（田中哲美）
〒913-0064　福井県坂井市三国町安島3-104　☎0776-82-0707

上松町特産品開発センター利用組合（大橋けい子）
〒399-5607　長野県木曽郡上松町大字小川3428　☎0264-52-1505

阿南エゴマプロジェクト（永田宗則）
〒399-1504　長野県下伊那郡阿南町西條1455　☎090-4461-0335

駒ヶ根えごま研究会（寺沢肇）
〒399-4321　長野県駒ヶ根市東伊那2072-1　☎090-2244-7217

農事組合法人　アースかいだ（中村健）
〒397-0302　長野県木曽郡木曽町開田高原西野2676　☎0264-44-2213

GOEN農場（服部晃・服部圭子）
〒509-1222　岐阜県加茂郡白川町下佐見1592　☎0574-76-2725

飛騨高山うるっこ（川尻富士子）
〒506-0812　岐阜県高山市漆垣内町121 ☎0577-32-4648

大江自然農園（大江栄三）
〒509-8231　岐阜県恵那市中野方町4149-1　☎0573-32-1249

げんてん農場（賀谷宏次）
〒509-1301　岐阜県加茂郡東白川村越原1766　☎090-9390-6913

中津川七ツ平高原（太田誠）
〒508-0006　岐阜県中津川市落合314-15　☎0573-67-9488

日吉機械化営農組合（板橋茂晴）
〒509-6251　岐阜県瑞浪市日吉町8732-2　☎0572-64-2620

◆インフォメーション

各地のエゴマ栽培組織・グループ、エゴマ関連機器メーカー、種の取り扱い・入手先などを案内します（2017年2月1日現在）

エゴマ栽培組織・グループなど

滝川えごまの会
〒073-0001　北海道滝川市北滝の川1243-5　JAたきかわ販売部内　☎0125-23-0141

青森エゴマの会（松林カヲル）
〒039-2125　青森県上北郡おいらせ町三本木111-8　☎0178-56-3501

衣川エゴマの会（鈴木育男）
〒029-4332　岩手県奥州市衣川区古戸242-4　☎0197-52-3820

三沢農家組合（小山晃）
〒029-1111　岩手県一関市千厩町奥玉字宿下86　☎0191-56-2843

色麻町エゴマ栽培推進協議会
〒981-4122　宮城県加美郡色麻町四竃字北谷地41　☎0229-65-2154

車澤エゴマの会（浅野賢）
〒981-3625　宮城県黒川郡大和町吉田字奈良梨11　☎022-347-2030

丸森町じゅうねん研究会（佐藤岩雄）
〒981-2162　宮城県伊具郡丸森町除北48-3　☎0224-72-2446

秋田エゴマの会（猪俣義補）
〒015-0094　秋田県由利本荘市上野字上野91　☎0184-29-2305

白鷹エゴマの会（大内文雄）
〒992-0832　山形県西置賜郡白鷹町荒砥乙2101　☎0238-87-2064

企業組合戸沢村エゴマの会（矢口浩）
〒999-6401　山形県最上郡戸沢村古口2932-1　☎0233-72-3614

奥会津金山エゴマの会（栗城栄二）
〒968-0014　福島県大沼郡金山町玉梨字居平586　☎0241-54-2698

只見農産加工企業組合（藤田力）
〒968-0421　福島県南会津郡只見町梢戸字椿61-7　☎0241-82-2387

はなわ町エゴマの会（生方清寿）
〒963－5402　福島県東白川郡塙町常世北野水元211　☎0247-43-2825

国際じゅうねん会（小林吉久）
〒979-2453　福島県南相馬市鹿島区小池字善徳128　☎0244-46-4014

JA夢みなみしらかわ女性部
〒962-0813　福島県須賀川市和田谷地50　JA夢みなみしらかわ企画部内
☎0248-94-2312

特産さめがわ合同会社（前田勝之）
〒963-8401　福島県西白河郡鮫川村赤坂中野字新宿38　鮫川村商工会内
☎0247-49-2171

日本エゴマ普及協会

1997年、福島県船引町（現、田村市）の村上周平が「エゴマを健康増進をはかるための油脂作物として栽培し、全国津々浦々に普及、奨励していく」ことを目的に呼びかけ、日本エゴマの会を発足させる。無農薬・無化学肥料の有機農法などによるエゴマ栽培法、脱穀・調製法、搾油法（とくに生搾り）、成分・効用などを研究。さらに油はもとより実、葉まで丸ごと効果的に生かす摂り方・食べ方を提案。エゴマ全国サミットを開催したり、韓国研修旅行を実施したりして「エゴマによる健康づくり・地域づくり」を展開している。これまで日本エゴマの会編の書籍『エゴマ～つくり方・生かし方～』『よく効くエゴマ料理』（ともに創森社）を出版。会長は服部圭子（岐阜県白川町）。会員は50か所以上の地域でエゴマの栽培・搾油普及に取り組んでいる。2017年１月より「日本エゴマの会」を「日本エゴマ普及協会」に改称。

EGOMA JAPAN
ロゴマーク

日本エゴマ普及協会事務局
〒509−1222　岐阜県加茂郡白川町下佐見1592
TEL & FAX 0574-76-2725
https://egomajapan.com

エゴマは健康のシンボル。人と地域を元気にする

●

デザイン――ビレッジ・ハウス　ほか
イラストレーション――寺田有恒
撮影――三宅 岳
服部圭子　ほか
取材・写真協力――GOEN 農場（服部 晃）
中原採種場　ほか
編集協力――村上守行
執筆協力――村田 央
校正――吉田 仁

著者プロフィール

●服部圭子（はっとり けいこ）

日本エゴマ普及協会会長、GOEN農場共同代表、白川エゴマ搾油所運営。

愛知県名古屋市生まれ。学生時代の研究会で兵庫県淡路島にて奇形猿と農薬の関係を知り、食の安全性などの問題に気づく。1986年より岐阜県白川町に移住し、野菜を自給しながら有機野菜を提携販売するGOEN農場を始める。1991年よりエゴマを栽培。第３回日本エゴマ全国サミットで日本エゴマの会創立者で初代会長の村上周平氏と出会い、韓国エゴマ研修旅行などに同行し、エゴマの栽培・利用、および搾油法の調査に参加。2001年から白川エゴマ搾油所にて搾油を手がける。2012年より日本エゴマの会会長の村上守行氏より会長職を受け継ぎ、各地からの講演、研修や指導要請に対応してエゴマの栽培・搾油の普及拡大をはかっている。

育《そだ》てて楽《たの》しむエゴマ　栽培《さいばい》・利用加工《りようかこう》

2017年２月15日　第１刷発行

著　　者――服部圭子《はっとりけいこ》

発 行 者――相場博也

発 行 所――株式会社 創森社

〒162-0805 東京都新宿区矢来町96-4

TEL 03-5228-2270　FAX 03-5228-2410

http://www.soshinsha-pub.com

振替00160-7-770406

組　　版――有限会社 天龍社

印刷製本――中央精版印刷株式会社

ISBN978-4-88340-313-4 C0061